On Scene or Screen:
A Study of Mobile Internet Mediated Public Participation Mechanism

在屏与在场：

移动互联网与公众参与机制研究

仇筠茜 著

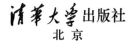
清华大学出版社
北 京

内 容 简 介

本书以近十年来的微公益活动为"田野"，以问卷调查的实证数据为基础，分析新兴的传播技术在公众参与组织形态变迁中的影响，着重论证"圈子撬动群"的机制和作用条件。更宏观来看，当下公众参与的组织形态是技术、情感、空间等要素共同作用下的"多态结晶"。本书适应数字媒体研究者、相关部门管理者以及对此主题感兴趣的广大读者阅读。

图书在版编目（CIP）数据

在屏与在场：移动互联网与公众参与机制研究 / 仇筠茜著 . — 北京：清华大学出版社，2020.9

ISBN 978-7-302-54688-7

Ⅰ.①在… Ⅱ.①仇… Ⅲ.①移动通信 – 互联网络 – 公民 – 参与管理 – 研究 Ⅳ.① TN929.5

中国版本图书馆 CIP 数据核字（2019）第 295760 号

责任编辑：纪海虹
装帧设计：傅瑞学
责任校对：王凤芝
责任印制：杨 艳

出版发行：清华大学出版社
　　　　网　　　址：http://www.tup.com.cn, http://www.wqbook.com
　　　　地　　　址：北京清华大学学研大厦 A 座　　　邮　　编：100084
　　　　社 总 机：010-62770175　　　　　　　　　　邮　　购：010-62786544
　　　　投稿与读者服务：010-62776969, c-service@tup.tsinghua.edu.cn
　　　　质量反馈：010-62772015, zhiliang@tup.tsinghua.edu.cn
印 装 者：三河市国英印务有限公司
经　销：全国新华书店
开　本：160mm×230mm　　　印　张：18.25　　　字　数：221 千字
版　次：2020 年 9 月第 1 版　　　　　　　　　印　次：2020 年 9 月第 1 次印刷
定　价：78.00 元

产品编号：080299-01

总　序

"清新博士文丛"即将付梓，我和学院的同事们倍感欣慰！

这套清华新闻传播学博士文丛，是从清华大学新闻与传播学院近年博士学位毕业论文中遴选出来、经作者修订完成的新锐成果，它们从选题到理论和方法，都相当丰富、前沿，饱含着热气蒸腾的学术理想、闪耀着思想的锋芒、浸润着辛劳的汗水、凝结着家人的关爱、承载着老师的期望，它们都是用坚强的意志和坚韧的毅力打磨数载、几易其稿的成果。这部文丛的作者们都是新晋博士、学术界的新秀，是经过了磨砺的勇士！在此，我谨代表学院，向各位院友作者致贺并致敬！相信这些意义非凡的作品，会成为你们每一位才俊在学术之路上的坚实起点！希望你们从此厚积薄发、阔步前行！

学院有感于博士学位论文水平的不断提升，于2017年决定资助其中一部分出版。经清华大学出版社的支持和较长时间的工作，这套文丛终于即将渐次面世。

清华大学新闻与传播学院成立一年后，即于2003年获得传播学博士学位授予权；2006年获得新闻传播学一级学科博士学位授予权。十多年来，学院在博士研究生层面努力培养创新型、研究型和复合式的新闻与传播专业人才。在最近一次学科评估——第四轮学科评估（2012—2015）报告中，学院人才培养指标位列全国同类学科前三，在 81 个参评的新闻传播院系共有 13 个有博士学位论文抽检数据，清华新闻与传播学院的抽检合格率为 100%，位次第一、位于第一段。

截至 2020 年 1 月，清华大学新闻与传播学院有博士毕业生 148 人，包括国际博士生 14 人（分别来自韩国、加拿大、新加坡、巴基斯坦、哥伦比亚、泰国），此外还有中国台湾和香港地区学生 6 人。另有 8 位目前已经通过论文答辩（其中 3 位国际学生）。近年学院的国际化教育程度不断上升，博士生中的国际及港澳台生比例有所增加，目前在读博士生中占 22%。值得一提的是，学院始终严格遵守各项制度，目前博士生未能正常毕业人数（包括结业、肄业或退学）已达 39 人，占近 21%。因此，经过千军万马走过独木桥的博士生，能够经过拼搏顺利通过学位论文答辩并毕业的就少之又少了，实在是凤毛麟角！博士生毕业后签约高等教育和科研单位的比例占 8 成；在主流媒体就业的占 1 成，其他 1 成也就职于主流岗位。

学院经过十数年的建设，形成了具有国际视野、适应中国发展需要的人才培养理念和培养模式。2016 年清华大学对博士生招生制度进行了较大改革，以进一步适应高层次优秀人才特点和规律的选拔机制和模式。因此新闻与传播学的博士生招生从 2017 级起相应进行了改革，实行申请—审核制：学院依据考生申请材料的综合评价结果确定差额综合考核，经综合考核后择优推荐拟录取。培养环节也进一步规范化，修订了培养方案，加强了基础理论和方法的培养、研究和实践环节，同时在资格考试、开题、中期检查、预答辩、答辩、学位分委员会的审核等各环节都加大指导或把关力度。学院近年招生方向包括新闻与传播历史及理论研究、全球传播研究、广播影视传播研究、传媒经济与管理研究、新闻传播与社会发展、新媒体研究、中国特色新闻学等方向。最近正在规划未来的学科方向，计划进一步提升之前的学科方向，包括视听与创意传播、智能传播与科技应用传播等领域，包括健康传播、环境传播等方向的建设。相应地，也会进一步凝炼创新博士生招生的方向。伴随着清华大学人事制度的改革，2017 年以来获得指导博士生资格的教师，也不再按原先的"博导制"进行，原则上进入科研岗位的教师，不限职称都有资格指导博士生。这个改革大大增加了博士生指导教师的力量，中青年教师的加入催生了一股培养博士生的朝气和活力。学院拥有一批全国著名、国际有一定影响的学术带头人和学科骨干；拥有一支规模有限、优势突出、潜力巨大的一流师资队伍。

近年来学院的科研工作再上台阶，有力地推动了博士生培养的发展。在国家"十三五"期间（2016—2019 年），学院教师人均发表论文 30 余篇，十多位长聘教授作为专家承担 12 项国家级重大项目、多项重点项目，基本做到教授"全覆盖"。人均学术成果数量与质量（SSCI、CSSCI 和引用率）、人均承担国家级课题、国家级重大课题数量在同行中均名列前茅。作为清华体量较小的学院，近 3 年学院承担国家级重大项目的总数，在清华大学文科院系位居第 2 位。同时，教师们还承担了多项来自国家多个部委、机构、相关产业部门的课题。丰富的科研项目，对于培养博士生的思想情怀、社会责任、科研素养、能力和水平，都起到了重要的作用。学院还开展了丰富多彩的学术活动和社会实践活动，活跃了学术气氛。学院每年开展的新闻传播博士生论坛，吸引了众多国内院校的博士生参加，还有跨学科的博士生和国外大学的学生投稿、参加，为博士生同学尽早进入学术圈提供了良好的氛围。

在人才培养方面，我们重视博士培养的宽基础、前沿性和国际化。

宽基础是指重视博士生培养的基础知识，要求博士生具有较为宽阔的学术视野，更加重视融合媒体时代的复合型学术人才的培养。博士生通过课程学习，专业论文发表和资格考试等多个培养环节，从中找到有一定学科跨度的研究志趣和选题，在这个过程中初步构建自身的多元复合学术背景。前沿性包括研究领域的前沿和选题的前沿性。我们注重和国内外新闻与传播业界紧密合作，努力将业界丰富的实践经验引入教学，培养具有良好分析和解决实际问题能力的人才。有计划地深入基层，进行社会调查，了解国情、社情和民情，以"实践为用"。开展为政府决策服务和传播界所关注的课题研究，并提供高水准的咨询与培训。学院努力以科学、严谨的方法，提供有实际价值的学术成果和供决策参考的系统化智囊意见，成为决策部门、业界和学术界的沟通与合作的桥梁。国际化则强调培养博士生的多元国际视野。学院博士研究生中，超过 60% 都有参加高水平博士海外交换项目的经验，曾在海外高校的相关院系从事一年以内的相关学习；部分博士生毕业后赴海外高校从事博士后工作，其后回内地或在香港地区高校任教。学院也在推动与世界一流高校形成联合培养博士生的战略合作。随着学院国际博士生规模逐渐扩大，来源既有欧美学生，也有日韩等周边国家的学生，还有巴基斯坦、肯尼亚等"一带一路"国家的学生，学院增加了英文博士生项目。

学院建院十八年来，始终奉行范敬宜老院长提出的"素质为本，实践为用；面向主流，培养高手"的办学理念，并形成了自己的学术文化，这在博士生培养中也产生了重要影响。学院推行"以人为本"的素质型人才培养策略，坚守严谨为学、诚信为人的学风和务实求真、追求完美的作风，鼓励努力学习和勇于创新，不断提高社会责任感，锻炼面对多变环境的适应能力，提倡团结协作、共同进步的团队精神。令学院欣慰的是，这些精神，在博士文丛中尽展异彩。

最后，感谢清华大学出版社的支持，感谢纪海虹主任的辛苦劳动。

陈昌凤

清华大学新闻与传播学院教授，常务副院长

2020 年 6 月 10 日

自　序

这本书从 2011 年开始写作，到今年已经过去八年，一再修改，几次回访访谈对象和"田野"，惶恐资料处理或论证逻辑有所疏忽，怀揣着青年学者的希冀与小心翼翼。在近十年光景里，世界的互联网生态已经大不一样，中国的网络化公众参与态势亦今非昔比，欣慰的是互联网公益的发展却依然有创新的生机。

写作的初衷，是想探求这样一个问题：我们需要什么样的公共生活？新兴信息传播技术（特别是移动化使用的社交媒体）提供什么样的传播生态能够嵌入构建公共生活的理想型中？或者说，我希望通过对信息传播技术"中介化"的公众参与展开系统的、实证的观察研究，考察其对于社会变迁的影响。在研究推进的过程中，研究视角逐渐聚焦到中观层面：信息传播媒介在中国式社会改革的组织和类组织层面所扮演的角色如何？人们怎样聚集、卷入到热点议题、公众事务中？

想要回答这个问题并不容易。按照我在美国做访问学者时的指导老师克利福德·克里斯琴斯（Clifford Christians）易懂的说法：有鱼骨架，你还得要有鱼肉（You need to have enough meat to attach to the bones）。几经思忖，我最终落实到将"微公益"这种典型的、温和的"公众参与"现象作为"鱼肉"，去观察、分析、探索。

我在 2012 年、2014 年和 2018 年参加了中国和美国的一些公益活动，并访谈了这些活动的管理者和参与者。这些贯穿了"网上"和"网下"的弥散式的公益发生的空间，是研究的"田野"。在深入阐释的基础上，我在 2013 年设计了调查问卷，并在次年展开了全国范围内的抽样调查，尝试描述全貌，并实现质性数据和量化资料的相互佐证，做到有点、有面。

本书的引言和第一章是文献综述的部分，从媒介历史的纵深中阐释了传播技术与公众参与之间的勾连，发现"在屏"的传播生态对以往"在场"和"在频"的公众参与空间都带来了重构。由此引入"媒介化"与"中介化"这一组带有技术哲学色彩的概念辨析，并提出问题：被"中介"的公众参与，在什么空间中发生？其组织机制如何？

第二章是对研究问题和研究设计的具体说明，目的有两个：一是论证为什么选择公益与慈善行动作为研究的经验对象；二是解释如何观察和分析这个经验对象，如何对核心概念进行操作化，也就是研究方法的问题。核心概念的操作化在理念上借鉴了哈佛大学政治学教授帕特南著作《独自打保龄》的问题及设计。

本书的第三、四、五章是研究的核心发现。第三章从中观层面切入，重新审视了移动化的社交媒体使用对公众行动的组织逻辑的影响，发现了"圈子"与"群"两种自组织逻辑，并用"流动的群"的案例具体分析了两种逻辑相互博弈的过程。本章内容是全书的亮点，以此为基础的论文已于 2015 年发表。第四章从技术与空间的角度切入，发现了当下中国公众参与行动的四种模式，分别是：积极化的、最小化的、个人化的和因循化的公众参与模式。第五章上升到对其政治意涵的讨论，发现了"透明度"和"合法性"对技术影响的中介效应，并论证了自下而上的传播能够"撬动"国家资源的机制。

第六章提出了"多态结晶"的概念，来说明在技术、社会、政策和行动者的勾连互动中，多行动者间性最终促成公众参与行动的组织方式、行为模式和发生场景。这一过程既不能用技术决定论来武断论证，也不能用社会决定论来敷衍描述。对组织形态而言，我们需要考虑将情感、时间序列、社会规制和传播技术可供性等要素综合纳入模型和理论建构中。第六章在回答开篇研究问题的基础上，又提出新的研究问题和呼吁，并对文献中传播生态、身体在场、技术与社会变迁等宏大议题有所回应。

对本书的注释，在序言中也应向读者有所交代。媒介研究的方法有两大明显分野：一个是经验性研究与思辨方法的区分；另一个是质化与量化研究方法的区分。学术同仁秉持不同的方法，时有势不两立之态。为了能够与不同方法的学者对话，本书的写作采用两分的策略。本书将主要量化经验论证资料、数据的分析与处理放在本书的附录中，而正文部分采用解释的方式，包括质化经验资料、理论推演和逻辑论证部分。相应地，本书采用三种注释方式。首先，对行文的补充说明、深入分析、相关资料的梳理和解读，均以脚注的形式出现。其次，全书写作中引用的学术专著、学术期刊、大众报刊、数据库、研究报告等，在书末参考文献中呈现。最后，各章节的概念操作化、数据处理过程，在书末尾的附录中呈现。

本书的主要受众群体包括社会学、新闻学与传播学专业的学习者、研究者，特别是从社会的视角关心互联网生态的从业者。当然，目标受众群体也包括从事公益活动的爱好者和行动者。此外，我非常希望政策制定者和社会管理者能够阅读这本书，并将研究者对传播技术、互联网生态的理解运用到日常工作中。对于时间紧张的朋友，可以阅读本书的引言、第三章和第五章，这些章节能够单独成篇，其中的发现对于理解现状会比较有帮助。当然，如果时间充裕，我建议您整本阅读，并能够与我交流您的感悟。对研究的立场、观点和结论，本人文责自负，与该书出版者、资助者、研究导师无关。

本书得以出版，与我的学术导师、访谈对象、出版社同仁、家人和朋友的大力支持是密不可分的，他（她）们不仅成就了这本书，也成就了今天的我。

我的硕士、博士导师陈昌凤教授，是优秀的学者、务实的行动者，更是温暖的社会关怀者。我有幸能拜在陈先生门下，在跟随她为人、为学的多年时间里，她给予我无私的关怀、支持、包容。导师是我辈源源不断的精神鼓舞之源，是我做人处事一生的榜样。在2013年到美国伊利诺伊大学香槟分校访学的过程中，导师克利福德·克里斯琴斯教授对我的论文进行每周的一对一面谈指导，推荐大量前沿书籍，介绍我参加"科技哲学"的博士生课，并带我参加了教堂、社区活动，这些经历大大拓展了论文探索的深度，也启迪了我对国家、对社会真诚而深切的关怀。他的妻子普丽西拉·克里斯琴斯（Priscilla Christians）不仅带我参加公益活动，还接受我的访谈并毫无保留地分享她多年从事公益活动的经历与感受。她剪下自己在阅读杂志中看到的所有关于公益的资料，整理好后不时赠予我，那种无微不至的关怀，至今仍让人动容。这本书在我博士论文基础上发展而来，论文开题、中期和评审、答辩各环节的老师——郭镇之教授、金兼斌教授、尹鸿教授、彭兰教授、史安斌教授、李彬教授、陆绍阳教授、杨伯溆教授都曾给出非常宝贵的批评与建议。清华大学的卢嘉老师是我开始从事学术研究这项"手艺活儿"的师傅，戴佳老师分享了研究的灵感，也分享生活中的美感，他（她）们既是良师也是益友。清华大学社会学系的孙立平老师、郭于华老师的课堂，是我的社会学启蒙原点，我作为学生时常感念。

在田野调查过程中，我得到了太多的帮助。其中，"微博打拐"的项目执行主任唐小龙先生、"双闪车队"项目负责人顾先远先生多次接受面对面访谈。采访对象中有的人不愿意公布自己的真实姓名，统一列于文末附录中。感谢无私的公益行动者，你们让世界变得温暖、有意义。在量化数据收集过程中，感谢赵曙光教授、王璐女士提供的帮助。

出版过程中，清华大学出版社纪海虹女士给予耐心又高效的敦促和帮助，保证本书能够完整地呈现在同仁面前。感谢清华大学优秀博士论文出版基金、国家留学基金委对本研究的帮助。

我的同窗好友现在都已从清华园毕业，散落到各地的教学岗位上，我们一同坚守当年在园子里一起求学的实事求是、行胜于言的信念，和对生活朴实质感的爱。黄雅兰、杨慧、虞鑫、周洋、吉木斯、李宏刚等老师，在多次讨论中对论文的写作给予了帮助。也感谢我在中国传媒大学同事陆佳怡、涂凌波给予的鞭策。

最深沉的感谢献给我的家人。我的父亲持续一生的良好阅读习惯、我的母亲永远年轻的好奇心，是我在学术道路上不断发问、不断求索的榜样和动力。我的爱人陪伴我走访公益活动的田野、开展访谈，并牺牲自己的业余时间帮我录入大量的访谈录音资料，他还在生活中主动承担了很多家庭事务，并在研究陷入窘境时给予鼓励。感谢我的女儿，特以此书致敬这个新生命的勃勃生机。

仇筠茜

2019 年 12 月 4 日于北京

目 录

图索引

表索引

引言　在屏与在场：公众参与的媒介化空间

　　从广泛的意义上来说，如果群体行动的目的是造福整体而非个人利益，那么这种群体行动就是公众参与。在现代政治文明中，广义的公众参与包括投票、选举、游说、信访、结社、志愿行动、游行、网络抗争等各种形态，它们都与传播技术的发展、采纳、使用密切相关。本书想要讨论的核心问题是，在当下移动互联网（智能手机和社交媒体）的传播技术条件下，公众参与的组织形态如何？这些组织形态由哪些行动模式组成？这些组织形态在什么条件下发生，呈现什么运作机制？

　　历史地看，传播技术与公众参与的关系表现为资源和中介两种机制，在不同的历史社会情况下各有侧重。例如，结绳记事和岩穴壁画服务于以采摘狩猎为主要目标的初级群体，其规模较小（通常是数十人的部落）、互动频繁，群体成员参与决策的卷入度高。莎草纸的诞生与印刷术的大范围采用使得远距离的统治成为可能，"民族国家"出现，它正是建立在大范围的、迅速的传播构建出来的"想象共同体"基础之上的。电子媒介时代，美国的很多任总统选举结果都与当时主导的媒介形态相关，所以人们将富兰克林·D.罗斯福（Franklin D. Roosevelt）称为"广播总统"，将约翰·F.肯尼迪（John F. Kennedy）称为第一位"电视总统"，将巴拉克·奥巴马（Barack Obama）称为"社交媒体总统"。将这些"媒介总统"推上历史舞台中央的正是广播、电视、互联网等媒介的受众和使用者。

这些公共政治参与的个体有时被描述为"一盘散沙"状态的"大众"（mass），极易受到情绪的渲染（Lebon，1895；Blumber，1946；Turner & Killian，1987），这些原子化个体之间缺少有机的联系，他们极易受媒介信息或其他权威力量的操控。不过，他们也有可能是积极解读媒介信息的受众，在参与行动中被描述为理性的个体（Olson，71[1965]；Hardin，1982），传播技术是公众参与的资源和机会。

那么，公众参与的个体之间如何建立联系、协同行动？传播媒介在各类的组织形态中产生了什么影响？如果从"社会关系"的视角来切入，传播媒介的发展历史，也是一部适配于公众的交流、辩论、结群合作等公共交往需求的"技术—社会"史。不同形态的媒介导致公众参与中互动程度、参与深度、群体的结构和情绪等方面的不同。其中，社会互动及社会关系是政治学、人类学、社会学、传播学等多个领域理论的灵感原点，如马克思、韦伯、齐美尔等学者探讨了人际的、组织的、生产活动的社会关系。社会关系问题在东亚文化圈的研究独创性地发展出中观层面的文本，例如对"面子文化"、对基层村落中社会关系的涟漪结构的探讨，成为中国学术与世界学术形成对话的一个落脚点。马克思论证社会生产资料与生产关系的机制，韦伯（2010）的《经济与社会》论证社会学的要义是研究社会行动（Social Action），而探究社会行动的核心是研究社会互动（Social Interaction）（侯钧生，2001）。在韦伯理论基础上，哈贝马斯将社会行动分为"目的理性行动"和"交往行动"两类，强调后者是指两个及以上的主体以语言和符号作媒介，遵循社会交往规范、言语有效性要求，从而实现个人与社会的同一。卡斯特在《网络社会的崛起》中的论述仍然是基于广义上的作为社会活动的物质生产实践的社会关系。上述对于社会主体与社会关系的讨论都与信息传播有密切关系，韦伯的论述在于社会互动，哈贝马斯强调社会行动的价值准则在于合乎理想型的传播过程从而达成理解，而卡斯特关注互联网信息传播科技带来新的社会形态中社会关系的重组。将研究对象确定为"关系"而非组成关系的"实体"，有助于廓清研究的路径。没有任何实体能够独自存在。实体总是与一个环境、一个群落相联系，环境改变实体，实体也可以通过索取、竞争来改变环境。

因此，观察这些依赖与互动的关系，解释不同层级之间的"中间状态"，讨论信息传播技术如何影响公众参与机制的探索，起点和终点都应该是"信息传播技术是否以及如何对社会互动产生影响"这一更为基础的问题。电子媒体对社会互动影响的研究成果十分丰富，其中英尼斯、麦克卢汉、梅罗维茨、朗格夫妇、鲍尔·洛基奇、吉特林、基特勒等学者的里程碑式成果是本研究的理论基础。

在对电子媒介论述的基础上，本书关心的信息技术是"移动化使用的社会化媒体"，在此称之为"赛尔媒体"（Cell Media），这个概念是以简化叙述为目的而采取的一种个人化的策略，在第一章和第六章中我将对这一概念进一步讨论。"赛尔媒体"可以阐释为一种超越了对技术及其使用方式的描述，因而在组织方式、社会信息语境偏向等面向上具有隐喻含义。

作为研究的理论关怀，我们首先需要理清在空间视角下，传播媒介与社会交往互动的"在场——在频——在屏"三个阶段，以及其中行动者个体与传播媒介的互动机制。

一、在场：口语传播与行动空间限定

"在场"的公众参与通过传播技术、主体关系、参与空间三个方面来界定。

第一，在传播技术方面，口语文化（Ong，1958；1982）和体态语言（Goffman，1963：36）成为面对面的"在场"交流的工具性基础。

翁（Ong，1958；1982）通过考察古希腊文明处于口语文化与书面文化交替时期的历史，论证"书写"作为一种技术对社会文化和人类认知产生的影响。书写的学习需要密集的劳动练习，因此带来教育的普及。此外，书写带来了线性及结构化思维，并与逻辑、科学等现代文明相关联。为阐述书写文化的特征，翁将之与口语文化作比较。口语文化是人们不知道书写、文字为何物的文化形态。口语文化形态中，人们需要采纳一些策略来保证信息的有效储存，所以大量倚仗俗语、俚语等将智慧进行浓缩的信息技术来存储和传递信息，进而辅佐决策，史诗和脸谱化的英雄人物（如"智慧的内斯特""狡黠的奥德赛"）等，正是口语文化的典型样态，是适合"口语技术"传播的信息。值得一提的是，沃尔特·翁是麦克卢汉的学生，他的研究主要集中于考察区别于"口语技术"的"书写技术"（包括写字和印刷）为社会文化带来的影响。麦克卢汉起初看不上翁的研究，但麦氏后期在写作《古登堡群星灿烂》的过程中，重新评估并且大量引用了翁的研究成果。

"体态语言"也是"面对面"的互动机制中传递信息的重要渠道。公众参与者都"在场"的状态下，人际沟通还通过表情、体态、手势、环境等符号化信息，以及这些符号在"此时此地"的瞬逝性时空中的解读来进行。在《公共场所的行为：聚会的社会组织》一书中，欧文·戈夫曼（Erving Goffman）尝试将聚会的社会组织（public gathering）分类为有/无焦点的互动（interaction）、面晤/邂逅（face engagements / encounter）和情境（situation）三个部分来讨论。他尝试分析每一种类型中的情境性礼仪，以及由此表现出来的行为特征。其中，人们面对面的在场交流包括"无焦点互动"（例如路人相遇时短暂一瞥获取信息），和"有焦点互动"（例如人们近距离开会，维护单一的注意焦点并轮流发言）。戈夫曼对不同情境下的交往现象总结出一系列规律。比如，他认为在场状态下"非语言交流是不能避免的"，"个人可以停止说话，但是他不能停止用体态习语进行交流"。（Goffman，1963：36）

第二，在参与者主体的关系方面的影响因素包括熟识程度、参与者数量、作为关系结果的组织状态。参与主体之间是否是熟识关系决定了他们的在场交流点头不点头、打不打招呼、避让不避让等。而陌生人之间的会晤又在暴露的位置、开放的位置、规避与违规、反控制等方面表现出差异（Goffman，1963：125）。此外，"在场"交流还与规模有关，两个人在场的面晤是充分焦点的聚会，而多个人在场的面晤则会形成多焦点的聚会（即人群分散开小会）（Goffman，1963：91）。

社区是参与者关系结果的组织状态的理想型。社区是否得以形成，其传播的技术条件与权力体制如何，是本研究一个重要的社会关切。与上述翁的理论观点相映，杜威（Dewey）强调"口语文化"对民主的积极意义，这也正是杜威与李普曼、英尼斯与麦克卢汉的思想争辩焦点之一。杜威主张以对话为基础形成社区，进而为民主运作提供基础；相较而言，李普曼提出的解决方案是通过书面的印刷媒介专业化地再现真实，保证人们的知情权从而保障民主运作。

第三，在参与空间方面，"在场"的传播对空间中规模、结构性分布、规制性区隔有所要求。

（1）规模可控是在场的交流得以开展的条件。行为主体的共同在场，意味着他们都受到地理距离及参与人数的限制，限制在目力所及、听力所闻、触觉所感的范围之内。如果用"社会关系"来重新审视古希腊城邦的公众参与，参与的各个主体间的"在场"受到地理空间的限制，通过在场商议的方式实现的民主政治，疆域都不会太广泛。在古希腊，即使是城边的居民，到中心广场参与政治辩论也是步行打个来回的距离。共享的空间内发生的公民协商机制是"面对面"的，因此互动所承载的非语言信息的解读尤为重要，包括表情、动作所承载的意义，特别是情绪情感的意义解码就十分重要。

（2）物理的结构性分布是在场的空间特征。场所（Places）是个体在所在地（localized）展开实践的地理性限定。我们可以通过会议座次的尊卑排序来理解，比如志愿者公益活动中，到现场参与的个体的行为和感受会受到交通距离、路线、自然环境等物理性空间因素的制约。

媒介社会学者鲍尔·洛基奇等人（Ball-Rokeach et al.，1976）主张的"传播基础设施论"也重视"物理的在场"的重要性。她认为，每个地区都有一个独特的传播基础结构，居民社区里除了有报纸、电视等大众媒介，还有健身设施、布告栏、社区图书馆等物理节点，还有邻居之间的逸闻趣事口耳传播系统，这些结构能够培育出社区归属感和集体效应。

（3）共享的空间同样会带来共同的生命体验，从而认同共有的文化观念和意义体系。因此，场所镌刻着多维度的社会关系，同样可以是具有心理区隔特征的、规制性的、具有权力意味的。

规制性的场所规定了人类个体的行为与行动；反之，场所同样在个体行动中得以生成（becoming）。前台/后台的划分也是一种空间区隔，人们的行为规则及意义受到这种区隔的制约。戈夫曼研究"在场"情境下交往行为，提出"拟剧理论""互动仪式""邂逅"等广为人知的学术概念。《日常生活中的自我呈现》主要描述了人们在日常生活中如何进行印象管理。他将生活描述成一出多幕的戏剧，我们每个人在不同的社会场景中扮演不同的角色，这是由个体的角色、观众的组成、所处的场景共同决定的。戈夫曼将人类学的方法运用于分析日常社会及行为，虽然人们的行为依据"场景"而变化，但是他致力于寻找"社会脚本"等概念来解释社会行为的原理。其中，社会行动者的互动区域包括呈现表演的"前台"和常规准备程序的"后台"。为了表演的顺利进行，前台的交往需要有观众和演员都默认的符号系统，还需要有"剧班"通过相互间的密切合作来维持特定的情境定义，才能保证前台的顺利进行（Goffman，1956）。

所以说，场所是结构性的，包括物化于实体的结果、建筑及城市布局，以及蕴含其中的权力关系。共享的空间也存在优势社会阶层对空间功能、空间规则的界定处于主导地位的阶级意味。

二、在屏：电子媒介与参与空间抽离

电子媒介对传统的"口语媒介"和"书面媒介"而言，是一种全新的传播形态，在其发展和普及化的初期也被称作"新媒体"。新媒体是相对时代而言的，每一种"旧媒体"都曾经是"新媒体"。将电子媒介还原到它们问世时的社会背景中，分析其对社会及政治参与的影响，也就是对我所总结的公众参与"在频"阶段的分析，同样可以通过传播媒介、公众参与主体及参与空间三个方面来着手。

（一）电子媒介及其传播特征

现代传播媒介以电子媒介为主，包括电报、电话、收音机、电子计算机等。这些技术的共同特点表现在两个方面：其一，这些被称为"电子媒介"的技术基础都是在工业革命特别是电力革命之后发生的，它们均以电子信号的传输为基础，因此都要考虑传输成本、速度、噪音等问题；其二，传播资源和传播主动权掌握在少数的媒体所有者手中，传播门槛较高。

为保证技术创新的社会营利，知识产权和专利权由统治当局负责执行，在保证社会创新源动力的同时，这些法律规定提高了技术使用的门槛。这就导致了传播资源的权力集中，也就是传播政治经济学家关心的传媒机构的垄断和随之而来的信息同质化问题。所以，电子媒介时代的传播结构多为由点到面的"撒播"式结构，这与"在场"的面对面交谈和"在卷"的一对一书信传播生态相比，发生了本质性的区别。少数对多数的传播模式成为"在频"阶段的主要传播特征，大多数人只能像"呆头鹅"一样坐在收音机旁、电视机前接受信息，媒介观察者将"在频"阶段的公众参与者称为"受众"；历史地看，对这些媒体可能产生的"魔弹"效果的担心也并非如很多教科书里写的那样幼稚。

（二）公众参与主体：公众概念与大众社会理论

公众参与的主体并不只是这些常常被"魔弹"麻醉了的受众，他们接受信息的机制还有可能受到"把关人"的过滤、"二级传播"中周围人际关系的缓冲，他们是否对公共事务表达意见还受到"沉默的螺旋"的影响。

从参与的主体来看,"在频"阶段的公众参与者主体是大众和受众的混合。

这里有必要从参与公共事务的角度,对"公众"这一概念进行阐述,并将之与相关的受众、公民、大众等概念进行辨析,从而为本书"公众参与"这一研究对象做出清晰的界定。

大众的概念往往与大众传播(McQuail,2005)、大众社会(Kornhauser,1959;Swingewood,1977)相联系。大众社会被保守的理论家们用来描述工业社会的影响,表达对传统的家庭和社区价值观减弱的失落感(Swingewood,1977)。也有激进的理论家使用"大众社会"来批判与之相伴相生的"大众文化"的负面影响,例如固化社会阶层、强调官僚体制、固守现有的统治结构等(Marcuse,1964)。

大众社会理论用于描述 20 世纪早期在工业化及资本主义影响之下,社会结构的巨大转变。它的特征之一是这些为新兴的工业经济服务的劳动者个体,是原子化的、相互隔离的个体的存在,他们之间那种传统的以地域接近、亲缘血缘为基础的有机联系逐渐衰落,取而代之的是劳动关系、与资本所有者之间的工资关系。这些原子化的个体受到三股强大力量左右:一是市场波动和资本力量的影响;二是极权意识形态和宣传的影响;三是大众媒介(当时主要是广播和电影)的影响。大众社会理论是对 20 世纪 30 年代的经济及政治状况的反思,在查尔斯·卓别林(Charles Chaplin)的电影《摩登时代》(1936)中有生动的呈现。

大众理论在文化领域的发展中还出现了一组相对的概念:大众(mass)与精英(elite)。与文化精英相对而言,大众易被误导,所以需要文化精英来引导大众,避免受到极权、市场和大众媒介的支配。可见,这组相对的概念不过是"阶级"概念的委婉表述(Mills,1956;O'Sullivan et al.,1994:173)。

对于公众参与和社会运动而言,"大众"主要强调参与个体的原子化存在：因为缺少有机联系，特别容易受到极端思想和运动的影响。这种思潮经过 20 世纪三四十年代的发展，在 50 年代达到高潮。芝加哥学派符号互动论的代表学者布卢默（Blumer, 1951）认为，和群众（crowds）、公众（publics）不同，大众的特征表现为规模大、匿名、结构松散、互动不频繁。芝加哥学派的研究者们通过符号互动论，考察人与人之间联系的差别形成的人群的特性，提出了大众、群体等概念，注重分析心理、情绪情感等要素（Tarde, 1898, 1969; Lang & Lang, 1953; Blumber, 1939）。在这一视角下，大众极易被操纵和控制。

在这样的背景之下，科恩豪泽于 1959 年发表了《大众社会政治》（Kornhauser, 1959）一书。科恩豪泽为解释共产主义运动和法西斯运动的兴起及发展，将托克维尔的理论进行改造，去掉了托克维尔理论中的国家视角，从社会中心的角度提出了"大众社会理论"。他认为，理想的社会结构应该包括"政治精英——中层组织——民众"三个层次。但是，现代化过程打破了人与人之间的传统意义上以村落和亲缘为基础的联系（也就是本书总结的"在场"状态下的联系），能够填补这种功能的现代型社会中层组织尚未发展起来。科恩豪泽认为，现代化的过程虽然带来人与人之间空间上的集中，但有机的组织性联系却在日益疏远。人们缺乏联系的状态为大众社会（mass society）的产生创造了条件。缺乏中层组织的大众社会容易出现政局动荡甚至极权主义运动。所以，他呼吁中层组织的出现，而科恩豪泽理论的核心正是对中层组织的社会功能的阐述。总结起来，科恩豪泽认为中层组织的作用是照顾到国家管不到、个人管不了的社会领域，慈善和福利就是其中之一。中层组织促进了文化、认同和归属感的多元化，提供家庭和国家交流的平台，从而防止了大批民众卷入同一个极权运动。

在考虑大众参与公共事务的潜力方面，启蒙时代的思想家约翰·弥尔顿（John Milton）、让 - 雅克·卢梭（Jean-Jacques Rousseau）、约翰·斯图尔特·密尔（John Stuart Mill）将公众（publics）描述为自由表达见解、理性辩论形成公意、发现发展真理的主体。他们崇尚天赋人权和理性自由，认为但凡公民是理智的并且足够了解事实，个体公民组成的有机体就能够对公共事务做出明智的判断。在这一思想脉络中，公众是神圣的法律及道德的楷模，是至高无上的普适价值观的代名词。然而，在《舆论学》的姊妹篇《幻影公众》中，李普曼将以多数原则为基础的选举看作是"人民战争的升华和变体，是没有流血的暴动"（李普曼，2013：12）。

综合上述讨论，本书所采取的"公众"概念主要指涉参与公共事务的理想状态下的公民的集合；但同时，公众也受到既有的市场、意识形态、政策体制的操纵，因此公众参与的空间需要拓展和争取。在这些策略化的行动之中，公众参与的组织形态与其所处时代的主导技术形态协同发展。

（三）参与空间的抽离

电子媒介造成了公众参与空间的抽离，这是从参与空间角度切入对"在频"界定的第三个方面。

电子传播技术首先是实现了参与空间的扩展。例如，电话和电报在"此地"和"彼地"之间架起一个新的空间，压缩了协调不同社会主体实现"在场"的时空成本，公众参与的组织和协调也受到新技术的影响。电视在音频信号之上附载了视频信息，卫星电视和有线电视的相继发展则不断扩大信息承载容量。

在频对公众参与的影响同时还导致参与空间的抽离，看电视的公众、拨打热线电话实时讨论的听众、通过邮局捐款的民众，通过不同的渠道实现了远程的参与。公共事务发生的空间与参与主体所在的空间是相互抽离的，情境是不可通约的，时间也并不是同步的。

电子传播技术对在频的时空抽离，还表现在空间的隔离，也就是"在场"与"不在场"的参与是区别的，两种参与者参与方式不同，体验到的"真实"也完全不同，这就是朗格夫妇（Lang & Lang，1953）的"芝加哥麦克阿瑟日"研究的主要发现。麦克阿瑟将军被从西太平洋战场上召回，芝加哥举行盛大的欢迎仪式。由于麦克阿瑟将军是被杜鲁门总统召回而非自愿告老还乡，这次欢迎仪式因此具有了群体行动的微妙含义而受到普遍关注。正在研究群体行动的朗格夫妇敏锐捕捉到这一选题，观察和分析"在场"参与欢迎仪式的群众和在家收看电视台现场直播的"在频"观众两个以不同方式参与同一个群体行动的人群之间的关系。时值有线电视在美国发展如日中天，论文的重点逐渐转移到如何区别电视新闻生产出的"现场"景观和"在场"观察到的"现实"。他们发现，"在场"的行动者与"不在场"的类参与者，对于事件的感知显示出巨大的差异：现场群众的人际交流和讨论保证他们可以较为冷静地看待这一事件，甚至因为没有出现预想之中的盛大场面而"有些失落"。但是，"在频"电视观众对这次群体事件的体验截然不同，由于电视镜头捕捉具有画面感的瞬间，甚至因为在场观众会不自觉地在摄像机面前展现出兴奋和狂欢，电视观众看到的群体行动完全是另一番景象。

梅罗维茨（Meyrowitz，1985）用"消失的地域"比喻性地总结电子媒介对社会行为产生的影响。他认为，电视与书籍、报刊等书写传播方式有许多不同。在书写文化下，受众容易按照自己的兴趣被分割，比如为小孩写作时用小孩的语言，为妇女写作时用妇女的语言，为男性写作时用男性的语言；这样，即使男女的教育水平近似，由于叙述的方式的差异其得到的信息也大相径庭。但是电视的信息传播以图像和口语为核心，图像的直观性和口语语言的通俗性使电视节目需要老少咸宜。依照梅罗维茨的理论推理下去，电视的出现必然带来关注公共事务的平民化和平均化，公众参与的数量将会增加。

梅罗维茨（Meyrowitz, 1985：41）提出"场景"的概念来分析社会行为，这个概念的创新意义在于能够弥补戈夫曼和麦克卢汉理论之间的鸿沟。戈夫曼的理论也尝试解释人们行为，但他注重社会行动中不变的方面，用前台和后台的区分作出静态的分析。麦克卢汉在解释人们行为模式变化的时候强调媒介技术的力量，但是他的理论中遗漏了对作用机制的解读。梅罗维茨的"场景"分析，正是对这种机制的补充。在他的媒介理论中，场景是一个中介变量，是媒介对社会行为产生影响的中间机制。他认为，媒介变化总是影响人们和地点之间的关系。当我们使用电话、收音机、电视或者计算机进行交流时，我们身体所处的"地方"不再决定我们在社会上的位置以及我们是谁（Meyrowitz，1985：110）。距离是封闭和隔离的手段，距离意味着从一个场景到另一个场景需要花费时间。从场景到场景的移动，必然涉及从地点到地点的移动。一个地点确定一个独立场景，因为它的边界限制了理解和交往。与所有电子媒介一样，电报不仅挑战了原有的距离所设置的限制，而且绕过了渠道的社会仪式，绕过了物质上和社会上从一个位置到另一个位置的移动。场景之间的差别很大，那么人们从一个场景到另一个场景就需要明确的移动形式。由墙、门、铁丝网所标记的，由法律、警卫、受训的狗所维护的边界，总是通过接纳或排除参与者来确定场景。电子媒介以前的媒介，如石头、泥版、羊皮纸，都有其体积和重量。这些媒介和携带它们的人，都受到物理通路和社会通路的限制。但是，电子媒介没有社会入口，它可以"随风潜入夜"，可以穿过墙壁传向远方。无论这种媒介对社会的影响是好是坏，物质环境和社会环境的相互作用都是革命性的。电子媒介介入交往的结果是，场景和行为的界定不再取决于物质位置。

从梅罗维茨的论述可以看出，电子媒介的影响与口语及书面媒介相区别（所以在引言中我没有专辟一节来论证书写及印刷媒介，只在文末表格中略作勾陈），电子媒介的核心特征之一就是对参与者主体从时空范围内的根本性抽离。

三、在屏：网络行动主义与参与空间重构

如果将科技发展的历程比喻为一个 24 小时的时钟，以公元前 3000 年莎草纸的出现作为一天的零点零分的开始，那么 2003 年 Skype 视频通话的发布；2004 年世界第一款社交媒体原型 Facebook 的发布；2006 年 Twitter 的发布；2007 年第一部 iPhone 手机的发布，都发生在一天的最后 5 分钟内。然而这 5 分钟内的传播技术采纳，改变了公众参与的基本组织形态。这种"在屏"的传播中介，激发了"网络行动主义"的兴起，并重构了公众参与的空间。

（一）网络行动主义研究的三组论争

越来越多的学者认为社交媒体是革命的"加速器"（Hands，2011；MacKinnon，2012；李成贤，2013）。社交媒体和移动互联网正在全球范围内促成"网络行动主义"（Online Activism）的蔓延，从根本上改变着公众参与政治的生态，特别是在组织机制和组织形态方面影响深远（Bennet &Segerberg，2012；Hands，2011）。

网络行动（Online Action）广义上指的是通过网络和其他新型通信技术开展的抗争活动（杨国斌，2013）。网络行动主义也有很多替

代性的术语，包括互联网行动主义（Internet Activism）、赛博行动主义（Cyberactivism）、数字化运动（Digital campaigning）、数字行动主义（Digital activism）等，很多学者认为网络行动源于各种形式的行动主义，而其固有特征是技术的革新，即"公民运动者使用例如社会化媒体特别是Twitter、Facebook、YouTube和Podcast等电子传播技术来促进更快的信息流动，本地信息向更广大受众的传播成为可能"（Obar et al.，2012）。维格（Vegh，2003）以动员内容为依据将网络行动主义划分为觉察/倡议（Awareness/Advocacy）、组织/动员（Organization/Mobilization）、行动/反应（Action/Reaction）三类。

中国大陆的相关研究往往把网络行动主义放在"媒介行动主义"的框架下进行解读（钟声扬等，2016），认为网络是一种传播媒介，从而关注这种媒介承载的信息、与大众传播机构之间的互动机制。我认为，这种研究进路虽然能够较为容易地产出一批学术成果（因为媒介内容分析的材料简单易得），但是却拘泥于已有的"大众传播"的框架而难以有实质性的新发现。然而互联网与社交媒体对日常生活的深度渗透，已经出现很多传统的大众传播范式无法包容的经验现象，传播研究的范式革新迫在眉睫，需要从技术哲学、政治科学、经济学和社会学的前沿研究中汲取理论和研究方法转型的智力成果。

本书最关注的问题是网络行动的组织机制，特别是在媒介空间视角下来考察移动互联网技术对组织机制的影响。关于这一主题，目前学术研究主要有三组争论。

第一组争论针对网络行动的行动过程和结果，拷问公众参与者是否真的参与到公众事务中去，参与程度如何。也就是说，以传统的抗争手段为标准来比照，网络行动主义是否能真的是一种政治参与的手段，还是只是一种短暂的"点击主义"（Clicktivism）、"懒汉行动主义"（Slacktivism）、"扶手椅行动主义"（armchair activism）？（Cornelissen et al., 2013；Butler, 2011）但也有研究者为互联网这种新技术的动员效果争辩，例如卡普夫（Karpf, 2010）发现，大规模发送电子邮件的方式与传统"线下"的请愿信、明信片等方式之间并没有本质的差异，只有程度的差别。

和第一个争论密切相关，网络行动主义研究的第二组争论在于如何理解信息传播技术在此类行动中的角色和作用，我把这一争论概括为"媒介观"与"中介观"之论争，在第一章中会有更进一步的分析。有很多研究者都将信息传播技术看作一种传播媒介资源，在传统社会运动理论中的资源动员理论下来审视互联网、手机、社交媒体等技术，主要将新兴的传播平台看作是一种替代性媒介，是因为大众媒体渠道的内容被审查或者过滤，而采取的替代方案。（Obar et al., 2012；Gamson & Wolfsfeld, 1993；McLeod et al., 1999）

与资源视角相对应，有越来越多的新生代研究者提出了更为大胆的观点，他们把信息传播技术视作是运动的组织结构本身，其中美国西雅图华盛顿大学传播学教授兰斯·贝内特教授就这一观点发表了一系列文章，分析很多当下运动组织形态的"媒介化"趋势。贝内特马西格伯格（Bennett &Segerberg, 2012）对群体行动的研究案例囊括全球各地正在发生的运动，他们的视角超越了行动者与互联网络技术之间的使用和被使用关系，而具有了麦克卢汉和英尼斯的意味。贝内特论述道，弥散的、广泛连接的信息技术带来了新兴的组织样态，即"连接型行动"（Connective Action）。贝内特进一步总结了三种网络行动逻辑：第一种是"集体性行动"（Collective Action）的逻辑，保留了传统的集体行动特征，例如蒂利（Blumber, 1939；Tilly, 2004；2006）总结的"WUNG"（价值、团结、规模、承诺），还有身份认同、情感、社会网络、政治进程等"机会结构"（Opportunity Structure）（Melucci, 1996；McAdam et al. 2001；della Porta & Diani，2006）；第二种是"连接型行动"逻辑；第三种居于前两种之间。后两种表现出更强的个人化的行为特征，数字媒介成为组织的代理手段，也成为连接性行动逻辑的核心，体现为"连接型行动"逻辑，这一逻辑中，分享和表达行为形成激励机制，进而带来群体行动的规模化和可持续化（Bennett &Segerberg，2012）。

贝内特的论述并没有直白地说出来，但他的研究中已经萌生了一个新颖的"组织视角"。组织视角超越了传统的媒介资源动员理论，不重视信息传播技术上承载的内容到底是情感化的还是理性辩论的，不关注其倡导的具体政治议题是国际的还是国内的，也不关注到底是儿童救助类的信息还是关爱动物类的信息能够带来更多的社会捐赠，而是从媒介理论的角度切入，关注互联网、社交媒体和移动终端等新兴传播技术本身对组织结构的影响。（Bennet &Segerberg，2012；Bimber et al.，2012）

关于网络行动主义的第三组争论是，移动互联网媒介的使用是否为人们的线下参与提供了转化的可能性。从技术上来拆解，移动互联网的主要特征是伴随式的，表现为人随时、随地地使用社交媒体、电话、短信等信息服务。这就带来了两个相反的可能性：一方面，因为手机设备的便携性，人们在空间上可以不再局限于坐在电视机前的沙发上或者电脑屏幕和书桌前，而是可以被"还原"到各种日常生活场景中去；另一方面，社交媒体的黏性设计使人们在各种生活场景中依然不断刷微信、刷微博，甚至满足于点赞而忽略了能够为社会改善带来切实变化的行动参与,在效果上无法触及议程核心也无法影响政府决策。斯莱特（Slater，1998）认为，我们需要从时空的角度去思考，在公众参与行动中人们什么时候在场，什么时候缺席，什么时候身体在场却灵魂缺席，什么时候身体和灵魂都在网（Net）中？研究者尝试作出回答，他们发现人们对公共事务的参与从线上到线下的转化需要特定的条件，比如布鲁尔等

（Breuer et al.，2012；Gerbaudo，2012）发现，有目标的经过设计的在线抗争可以让具备政治兴趣的网民转向线下的政治参与行动，由政治倡导团体组织的有目标的网络行动可能增进个体政治参与潜力并促进其向线下行为发展。而 21 世纪第一个十年在中东地区发生的社会动荡，也为线下转化提供了最生动的案例，但究竟是线上动员的线下转化，还是线下事件的线上发酵，"在场"和"在屏"的互动机制的实证分析，却是当下研究的空白地带。

实际上，即使在没有互联网技术的条件下，公众行动如何向"在场"转化的问题也都一直存在。社会运动研究的关键人物蒂利（Tilly，1978）在其论著《从动员到革命》中就曾论断：抗争剧目在一定的时间和空间被固化了，而切实的创新其实非常缓慢。在蒂利的论断中，已经暗含了未来研究的钥匙：空间。而且他本人也在空间视角已经做出很多探索，包括对恐怖主义事件和网络恐怖主义行动的研究（Tilly，2000；2003）。

（二）移动互联网与空间重构：复兴在场的条件

"在场"的复兴是否可能？这个问题的提出本身带有一定程度的怀旧情绪，是学者对人类政治文明发源地的乡愁。对"空间"的探索，也从早期的规模可控、面对面对话发展出更多层次。

美国社会学家蒂利（Tilly，2000）总结了社会动员中的三种空间概念，分别是泛空间、情境空间和地域。如果人们把地点和时间／距离（时距）作为非空间因素的代名词，并用以分析这些非空间因素对社会行为的影响，那么就是在采用"泛空间"（bare space）的概念；如果人们用地点和时距来解释社会行动，所用的是"情境空间"（textured space）的概念；如果人们在地点和时距之外还给空间赋予特殊的意义，并用地点、时距和空间意义来解释社会行动，那么所用的就是"地域"（place）的概念。

蒂利的空间维度分类和他把社会运动作为研究对象的取向是密切相关的，但是他忽略了地方化的空间，也就是梅罗维茨对戈夫曼的面对面交流的空间概念的发展。蒂利空间概念的另一个问题在于，直接翻译过来的概念的字面意义在中文语境中具有一定的迷惑性，比如他文中"场所"的含义最重要的是具有社会意义或象征意义，例如"天安门广场"但是这一思想无法在直译的字面中体现出来。为了弥补上述两方面的遗憾，更重要的是为了从媒介理论角度来切入，本书总结了空间概念的四个层次，并作为后续研究的一个框架基础。

如表 1.1 所示，四个维度的空间分别与四类媒介主导的公众参与环境相关，可以帮助我们更深入地理解公众参与行动的机制。

第一是地方化空间（Localized Space）。移动互联网的定位服务技术（Location-aware Technologies）就是一种典型的在场位置信息，就是此时此刻的"此地"。基于这一技术开发的很多基于位置服务（Location Based Service，LBS）移动社交应用，比如美国的四方街（Foursquare）、与 Facebook 网站地理定位功能深度合作的 Loopt 应用、Google 公司推出的谷歌经纬（Google Latitude），或者中国大陆的微信定位和摇一摇功能、"合拍"等软件，其庞大的用户数量和高度的用户黏性，都为移动媒体将原子化的个体还原到在场状态提供了可能性。戈登等学者（Gordon et al.，2011；De Souza Silva et al.，2010）就非常关注"地方化空间"这一层次上的在场如何编织到城市生活中，以及经由互联网络中介后"此地"信息对日常传播的影响，他们提倡在城市传播研究中复兴对地点（Locality）的关注。对公众参与而言，地方化的空间对应日常的时间，"此地"承载了公众参与的实际行动，其功能性意义大于其符号意义。对公众参与的组织形态而言，地方化的空间中更倾向于形成相对稳定的组织

表 1.1　媒介视角下公众参与空间的四个层次

		在场	书面	在频	在屏
传播媒介		口语及对话 体态语言	文字（书写及印刷）	电子媒介	移动互联网
参与主体		群落	大众	大众与受众	网众
参与空间	地方化空间	物理在场 公私域区隔	物理不在场	物理不在场	物理在场与不在场的重叠
	情境化空间	情感情绪 文化规则 传播距离	认同感 文化规则 传播时间	认同感 文化规则 传播时间	传播路径 认同感 文化规则 情绪情感
	符号化空间	功能性地域永久存在	符号性场域与功能性场域交融	传播资源塑造符号性场域	功能性地域与符号性地域边界模糊 阈限性
	泛空间	时间与空间稳定对应	空间的初步抽离	空间抽离	时间与空间分离

形态，巩固公共行动者在日常时间的互动中形成的强联结，从而有利于推进长期目标的实现，但组织需要不断调整结构固化和阶层凝固的成本。

第二是情境化空间（Contexted Space）。如果一个空间的界限不是由物理的区隔来界定，而是由参与者共同认可的规则、认同感来界定的，那么这种参与空间就是情境空间。公众参与如果是在情境空间发生的，那么情绪和情感会成为个体行为与自组织形成逻辑的重要影响变量。需要说明的是，本书所提倡的情境化（Contexted）空间和蒂利所说的情境空间（Textured space）并非完全相等的含义。例如，在赵鼎新（Zhao，1998）对中国学生抗议"北约"轰炸中国驻南斯拉夫大使馆暴行的游行运动的研究中，把地理位置作为一个重要变量，发现在学校内校舍、教学楼相对拥挤的地方，动员的结构松散但反应快速。这一层面的分析，是把空间等同于"传播距离"来使用的。虽然情绪情感也是传播距离的伴生因素，但并不作为重点加以提及。在互联网条件下，情境化空间可以包括地点上的距离概念，但不仅限于此。

目前有不少研究在这一层次上作出经验性的探索，将具体意义的"地点／地方"作为一个重要变量纳入城市传播研究，围绕理想的城市生活公共空间形态如何形成的问题，提出了"双重地点"（the doubling of place）（Moores，2004）、"中介化的公共连接"（mediated public connection）（Couldry et al.，2007）等概念。围绕城市生活中的公域与私域的区隔问题，有研究提出"媒介技术内卷化"（the domestication of media technologies）趋势（Hirsch，1992），也有从全球空间与地方空间的比较分析，提出"多维媒体"（the polymedia）（Madianou& Miller，2011）的概念。

第三是符号化空间（Symbolized Space），其内涵对应于蒂利所说的"地域"（Place）概念，但不限于他的"地域"概念。蒂利对"地域"的解释是，如果人们在地点和时距之外还给空间赋予特殊的意义，并用地点、时距和空间意义来解释社会行动，那么就是在讨论地域空间。在蒂利的定义下，符号化空间是以第一层次的方化空间为基础，增加了社会意义的要素。但是在新近发生的社会抗争事件中，我们看到了不同的符号化空间，是不以物理的地点为基础的。

比如，2013 年海外华人在 MIT BBS 电子公告网站上征集就"朱令案"向白宫签名请愿的活动，以及 2016 年"帝吧出征"事件中，中国很多网民集体协同行动"远征"到中国台湾当局领导人蔡英文的 Facebook 页面上留言和讨论，网页、社交网站上的个人主页均成了脱离了实际地点的符号化空间。符号化空间和情境化空间相区别的特征在于，情境化空间多以事件为逻辑，随事件的结束而消逝，情感和认同是主要的组织基础；符号化空间以象征意义为逻辑，不会随着一次公共行动的结束而消逝，而且有可能沉淀下来抗争的剧目，成为今后类似诉求的公共行动的符号化空间。

在中国大陆特有的互联网生态中，符号化空间依赖图像化的叙事，还表现出以政策为起点生发出来的抗争空间。例如，何威（2010）认为，人们通过积极地使用各种媒介平台和媒介技术，构成了融合信息网络与社会网络的新型网络，称为"网众"。何威在其博士论文中提出"网众"这一概念，以弥补传统"网络传播"概念的缺陷，从而尝试在受众研究中引进新的理论视角。他进一步运用"网众"这一概念对 2008—2010 年之间发生的"很黄很暴力""草泥马""给名画穿衣服""网瘾战争"等网络文化抵抗的群体行动进行分析，认为这些事件都是由"网众"驱动和传播的，依赖于群体认同的激发、网众传播的驱动，并带有"游击战式"和"后现代式"的风格。"文化抵抗"已经成为网众对互联网规制的一种常见反应，并有可能在社会中孕育出"抵抗文化"。可见，抵抗文化空间是理性讨论的公共空间的替代方案，这种空间的形成主要针对互联网规制，而各种抵抗符号既是曲折的表达和宣泄，又为这类空间的界定提供了符号叙事资源。

第四是泛空间（Bare Space）维度。蒂利不提倡"泛空间"概念的使用，因为这是一个比喻性的说法，或者是其他机制的代名词。比如哈维的《后现代状况》中一个最主要的观点，就是资本主义社会加快了时间、压缩了空间（Harvey, 1989），但这种压缩更为本质的原因是资本主义经济下生活节奏、物质消耗、环境破坏、经济发展的加速。这种比喻性的转述乍一听很新颖，但被大量地理学家运用和推广后，其学术智慧就乏善可陈了。因为比喻终究是比喻，资本主义的性质毕竟不是由时空决定的。同样的，公众参与的组织模式也不是由这种比喻性的机制决定的。因此，除了在表 1.1 中有所总结之外，本书的其他部分不会系统地涉及对"泛空间"层次的讨论。

四、本章小结

引言部分主要从媒介技术与社会、公众参与与空间这两条主线展开论述，交代全书的学术脉络和社会关怀。

对媒介的理解不应该局限于具体的技术细节和媒介承载的内容，而应从传播技术的社会影响角度来着眼。公众参与的媒介化社会可以总结为口语传播阶段、书面传播阶段、电子传播阶段、移动互联传播阶段，详略权衡之后，我将这一过程总结为"在场""在卷""在频"和"在屏"四个阶段。但从本书引入的"空间"视角和"组织"视角这两个创新点来看，"在卷"（书面）阶段的空间与组织状态与电子媒介差别不大，所以不单辟一节论述。

划分这几个阶段的目的是考察公众参与机制。从最广泛的意义上来说，如果群体行动的目的是出于造福整体而非个人利益，那么这种群体行动就是公众参与。在现代政治文明中，广义的公众参与包括投票、选举、游说、信访、结社、志愿行动、游行、网络抗争等各种形态，各种形态都与传播技术的发展、采纳、使用密切相关。本书想要讨论的核心问题是，在当下移动互联网（智能终端和社交媒体）的传播技术条件下，公众参与的组织形态如何，呈现什么运作机制。

空间的视角是 21 世纪第二个十年间普遍发生在传播学、政治科学和社会学中的一个转向，是传播学能够和其他学科对话的地带，更是解读移动互联网、人工智能等新兴传播技术的丰饶理论资源。在本章，我们对蒂利的空间理论加以改造，将公众参与的空间概括为地方化空间、情境化空间、符号化空间和泛空间四个层次。地方化空间是此时此刻的"此地"，是公众参与行动开展的物理空间；情境化空间超越物理地方为基础的限制，以交往规则和认同感界定边界；符号化空间是附着了社会意义的地点空间和非地点空间；泛空间与空间的本质含义无关，是对其他社会影响因素的比喻性说法。

组织的视角之所以重要，是因为一切的公众参与如果需要实现长期的、线下的目标，那么组织和动员都是关键因素。但是，从"阿拉伯之春"到"冰桶挑战"，大量的经验现象都直接指向组织形态的本质变化，是既有的大众传播理论、大众社会理论、组织传播理论无法完全解释的。所以本书将会采纳社会关系、社会网络、社会资本等相关概念和方法来研究组织机制。从这个角度来看，空间和组织的视角，与其说是本研究的创新之处，不如说是对现有的媒介研究范式的一次尝试性突破。

对社交媒体与公众参与互动机制进行研究的一个关键概念是"网络

行动"。网络行动广义上指的是通过网络和其他新型通信技术开展的抗
争活动。围绕本书所关心的组织和空间视角来整理相关研究，可以整理
出三组争论。第一组争论涉及网络行动的过程，追问网络行动究竟是真
正的政治参与手段，还是虚幻的"点击行动主义"；第二组争论涉及如
何理解传播媒介在网络行动中的作用，是作为信息载体的资源和工具，
还是组织变迁的变化原因，甚至成为网络行动组织本身；第三组争论关
注参与主体的"线下转化"，即传播技术是否带来向实际行动转化的可
能性，也就是"在屏"的公共行动是否可以将参与个体还原到"在场"，
从而具有了地方化空间的传播特征。

尝试回应这些争论，是本研究的兴趣起点。在进行具体的文献综述
（第一章）和研究设计（第二章）之前，引言部分需要提及统领本研究
的一个关怀：我们需要什么样的公共生活？什么样的传播生态有利于构
建公共生活的理想型？在我们生活的这个时代，共同体、公共领域、公
共性等概念所倚靠的宏大叙事和正义追求面临着前所未有的挑战，这个
关怀因此显得困难却迫切。

本章参考文献

何威 . 网众与网众传播——关于一种传播理论新视角的探讨 [J]. 新闻与传播研
　　究 .2010,19(05):47~54,109~110.

侯均生 . 论孔德的社会进步理论 [J]. 南开大学法政学院学术论丛 .2001,(00):649~657.

李成贤 ."弱连接"发挥"强"作用——从"阿拉伯之春"看新媒体的政治传播
　　能力 [J]. 新闻记者 .2013,(03):67~71.

李普曼 . 幻影公众 [M]. 林牧茵译 . 上海 : 复旦大学出版社 ,2013.

李普曼 . 舆论学 [M]. 林珊译 . 北京 : 华夏出版社 ,1989.

韦伯 . 经济与社会 [M]. 上海：上海人民出版社 ,2010.

杨国斌 . 连线力：中国网民在行动 [M]. 桂林：广西师范大学出版社 ,2013.

钟声扬 , 徐迪 . "行动主义"还是"懒汉行动主义"：关于网络行动主义的文献评
　　述 [J]. 情报杂志 , 2016,35(9):55~61, 23.

Ball-Rokeach S J, DeFleur M L. 1976. A Dependency Model of Mass-media Effects [J].
　　Communication Research, 3(1), 3-21.

Bennett W L, Segerberg A. 2012. The Logic of Connective Action [J]. Information,
　　Communication & Society. 15(5): 739-768.

Bimber B, Flanagin A, Stohl C. 2012. Collective Action in Organizations: Interacting
　　and Engaging in an Era of Technological change[M]. New York: Cambridge
　　University Press.

Blumber H. 1939. Collective Behavior [G] // Park R E, An Outline of the Principles of
　　Sociology. New York: Barns and Noble, 221-280.

Blumber H. 1946. Elementary Collective Behavior [G] // Lee A M (eds). New Outline
　　of the Principle of Sociology. New York: Barnes & Noble Inc, 170-177.

Blumer H. 1951. The Field of Collective Behavior [G] // Lee A M (eds). Principles of
　　Sociology. New York: Barnes and Noble, 167-222.

Breuer A, Farooq B. 2012. Online Political Participation: Slacktivism or Efficiency
　　Increased Activism? Evidence from the Brazilian FichaLimpa Campaign. [EB/OL]
　　[2017-12-28].https://ssrn.com/abstract=2179035.

Butler M. 2011. Clicktivism, Slacktivism, or "Real" Activism Cultural Codes of
　　American Activism in the Internet Era[D]. University of Colorado at Boulder.

Christensen C. 2011. Twitter Revolutions? Addressing Social Media and Dissent [J]. The
　　Communication Review. 14(3):155-157.

Cornelissen G, Karelaia N, &Soyer E. 2013. Clicktivism or Slacktivism? Impression
　　Management and Moral Licensing [C]. ACR European Advances.

Couldry N, Livingstone S, Markham T. 2007. Connection or Disconnection? Tracking
　　the Mediated Public Sphere in Everyday Life [G] // Butsch R(ed.), Media and

Public Spheres. Basingstoke: Palgrave Macmillan, 28-42.

della Porta D. & Diani M. 2006. Social Movements: An Introduction, 2nd [M]. Blackwell, Malden, MA.

De Souza Silva A S, Frith J. 2010. Locative Mobile Social Networks: Merging Communication, Location, and Urban Spaces [J]. Mobilities, 5(4): 485-506.

Gamson W A, Wolfsfeld G. 1993. Movements and Media as Interacting Systems [C] // The Annals of the American Academy of Political and Social Science, 528(1), 114-125.

Gerbaudo P. 2012. Tweets and the Streets: Social Media and Contemporary Activism [M]. London: Pluto Press.

Goffman E. 1956. The Presentation of Self in Everyday Life [M]. New York: Random House.

Goffman E. 1963. Behavior in Public Places: Notes on the Social Organization of Gatherings [M]. NewYork: Free Press.

Gordon E, de Souza Silva A S. 2011. Net Locality: Why Location Matters in a Networked World [M]. Chichester, West Sussex: Wiley-Blackwell.

Hands J. 2011. Mobil(e)isation. // @ is for Activism: Dissent, Resistance and Rebellion in a Digital Culture [M]. London; New York: Pluto Press: 124-141.

Hardin, R. 1982. Collective Action: A Book from Resources for the Future [M]. Baltimore: John Hopkins University Press.

Harvey, D. 1989. The Condition of Postmodernity (Vol. 14) [M]. Oxford: Blackwell.

Hirsch E. 1992. The Long Term and the Short Term of Domestic Consumption [M] // Silverstone R, Hirsch E (eds). Consuming Technologies: Media and Information in Domestic Spaces. New York: Routledge.

Lang K, Lang G E. 1953. The Unique Perspective of Television and Its Effects: A Pilot Study[J]. American Sociological Review, 18: 3-12.

LeBon G. 1982. The Crowd: A Study of the Popular Mind [M]. Atlanta, Georgia: Cherokee Publishing Company, [1895].

Mackinnon R. 2012. Consent of the Networked: The Worldwide Struggle for Internet Freedow [J]. Politique Etrangere. 50(2): 432-463.

Madianon M. Miller D. 2011. Technologies of Love: Migration and the Polymedia Revolution [M]. London: Routledge Press.

Marcuse H. 1964. One Dimensional Man [M]. Beacon, Boston.

McLeod D M, Hertog J K. 1999. Social Control, Social Change and the Mass Media's Role in the Regulation of Protest Groups [M] // Mass Media, Social Control, and Social Change: A Macrosocial Perspective:305-330.

McAdam D, Tarrow S & Tilly C. 2001. Dynamics of Contention [M]. New York: Cambridge University Press.

McQuail D. 2005. McQuail's Mass Communication Theory (fifth edition) [M]. London: Sage.

Melucci A. 1996. Challenging Codes: Collective Action in the Information Age [M]. Cambridge: Cambridge University Press.

Meyrowitz J. 1985. No Sense of Place: The Impact of Electronic Media on Social Behavior [M]. New York: Oxford University Press.

Mills C W. 1956. The Power Elite [M]. New York: Oxford University Press.

Karpf D. 2010. Online Political Mobilization from the Advocacy Group's Perspective: Looking Beyond Clicktivism [J]. Policy & Internet, 2(4), 7-41.

Kornhauser W. 1959. The Politics of Mass Society [M]. New York: Free Press.

Moores S. 2004. The Doubling of Place: Electronic Media, Time-Space Arrangements and Social Relationships [G] // Couldry N, Mclarthy A (eds.). Mediaspace: Place, Scale and Culture in a Media Age. London: Routledge, 21-36.

Olson M. 1971. The Logic of Collective Action: Public Goods and the Theory of Groups (Revised ed.) [M]. (Cambridge, MA:)Harvard University Press [1965].

Obar J A, Zube P, Lampe C. 2012. Advocacy 2.0: An Analysis of How Advocacy Groups in the United States Perceive and Use Social Media as Tools for Facilitating Civic Engagement and Collective Action[J]. Journal of Information Policy, (2):1-25.

Ong W. 1982. Orality and Literacy: The Technologizing of the Word [M]. London: Methuen.

Ong W. 1958. Ramus: Method, and the Decay of Dialogue; from the Art of Discourse to the Art of Reason [M]. Cambridge, MA: Harvard University Press.

O'Sullivan T et al. 1994. Key Concepts in Communication and Cultural Studies [M]. New York: Routledge.

Swingewood A. 1977. The Myth of Mass Culture [J]. Humanities Press, Atlantic Highlands, NJ.

Slater D. 1998. Trading Sexpics on IRC [J]. Body and Society, 4 (4):91–117.

Tarde G, Clark T N. 1969. On Communication and Social Influence: Sleleted Papers [M]. University of Chicago Press.

Tilly C 1978. From Mobilization to Revolution [M], Boston: Addison-Wesley.

Tilly C 2004. Social Movements, 1768-2004 [M]. Paradigm, Boulder, CO.

Tilly C. 2006. 'WUNC' [G] // Schnapp J T, Tiews M (eds). Crowds. Stanford: Stanford University Press, 289-306.

Tilly C. 2000. Spaces of Contention [J]. Mobilization: An International Quarterly: September, 5(02): 135-159.

Tilly C. 2003. Contention over Space and Place [J]. Mobilization: An International Quarterly, 8(2): 221-225.

Turner R H, Killian L M. 1987. Collective Behavior[M]. Englewood Cliffs: Prentice-Hall.

Zhao D. 1998. Ecologies of Social Movements: Student Mobilization during the 1989 Prodemocracy Movement in Beijing [J]. American Journal of Sociology, 103(6) 1493-1529

Vegh S. 2003. Classifying Forms of Online Activism: The Case of Cyber Protests against the World Bank[M]// McCaughey M, Ayers M. Cyberactivism: Online Activism in Theory and Practice. New York: Routledge, 71-95.

第一章　媒介化与中介化：移动互联网与公众参与的互动机制

　　　　世界之所以不一样，取决于它在使用什么载体，纸张、赛
　　璐珞、磁带、赫兹波或数据模块，每一次产生的都是另一种定
　　位的含义。

　　　　　　　　　　　　　　　　　　　　　　——贝尔纳·斯蒂格勒

　　在引言中，我们依据媒介理论来梳理传播技术的进程，并将公众参
与与空间之间的关系整理为四个层次。这背后蕴含的一个假设是"媒介
的逻辑"。媒介逻辑的核心含义在学术讨论中莫衷一是，尤其在移动互
联网技术对社会生活的深层渗透状况下，媒介逻辑的核心究竟是以时间
面向为主导、以传播效果为目标的单向技术逻辑，还是以空间面向为主
导、基于日常生活的实践逻辑？这一争论关系到我们如何理解移动社交
媒体对公众参与的影响。

　　作为全书的文献综述部分，本章不拘泥于具体的对公众参与机制的

既有经验研究和数据解读，而是将这一现象放到广阔的社会背景中、放到宏大的社会科学理论叙事中来解读。本章第一部分需要对如何理解媒介与社会这一研究主题的两个概念——媒介化与中介化——进行综述，解释为何本书采纳"中介化"的进路来考察公众参与；第二部分致力于界定"公众参与"的含义、行为模式、组织／自组织机制及测量方式，以及梳理以社交媒体与公众参与为主题的相关研究成果；第三部分对移动、移动性概念、移动传播研究领域进行耙梳，在此基础上提出并解析"赛尔媒介"的概念，再由这一概念与上述综述的理论基础相结合，推演出全书的研究问题和研究框架。

一、媒介化与中介化

　　媒介化和中介化的概念彰显了技术在传播和沟通行动中的过程化与制度化的关键角色（唐士哲，2014），两者具有共通性。

　　直到 20 世纪中期，传播学研究主要集中于三个进路：文本分析、政治经济学、受众研究或接受研究。但是，这三个进路加起来，仍然没能够回答一个问题：为什么媒介越来越重要，而且重要性还在不断增加？政治经济学派和文化研究在不断辩论经济结构和媒介的文化研究之间的关系（Grossberg，1995；Morley，1998）。受众研究挑战文本分析研究的问题是，除了文本的内容、解读文本的即时语境之外，媒介还意味着什么？（Lewis，1991：49）与此同时，受众研究进路的学者也逐渐意识到，受众对意义的解读是无法确定的，并为此感到焦虑（Ang，1996：72）。因此，媒介化和中介化都试图超越从 20 世纪中期以来传播研究者发展并遵循的"生产——文本——受众"这个相对僵化的研究框架（Couldry，2000），而主张以更为开放和包容的视角来考察传媒与社会的关系。

媒介化和中介化的共通性还在于它们共享媒介理论和传播生态学这两个学术脉络的思想成果。一方面，它们都从以英尼斯和麦克卢汉的研究作为原典的媒介理论（Medium Theory）出发，强调跳出对媒介内容的分析和强调，更要从媒介技术的"格式"来分析媒介的社会影响；另一方面，它们都追溯奥尔泰德等人（Altheide，1995；Altheide & Snow，1979）的研究为原典的传播生态学（Ecology of Communication）和他们所主张的"媒介逻辑"思想。媒介化理论试图打造一个能够兼容的、跨文化的理论体系，作为整合的传播理论的发展方向。

（一）媒介化：建制与"媒介逻辑"

对"媒介化"概念的耙梳，将对媒介的认知推向一个去本质化的认知起点：媒介不应再被当成是内容、频道或机构，与传播或沟通相关的"媒介"问题必须被适当地主体化甚至建制化（唐士哲，2014：9）。所谓建制化，指的是我们在研究中必须处理与媒介形式和媒介实践有关的"惯习"。特别是在一个科技形式处于松动的状态而蕴含了饱满的发展可能性、而新媒介与旧生活实践交融或冲突的时刻，与其追问特定新媒介科技对特定个人或群体是什么意义、造成什么影响，不如由这个媒介如何被勾连到真实生活的各种场景出发，探索传播实际的社会实践（唐士哲，2014：10）。英国学者约翰·汤普森（John B. Thompson，1995）主张将媒介视作"社会建构的代理者"。在他的书《媒介与现代性》（*Media and Modernity*）中，汤普森从时空关系的重构角度，来理解电子媒介在中介现代性过程中扮演的核心角色。对汤普森来说，时空的可分离性

（the uncoupling of space and time）是电子媒介特有的，社群生活的集体归属感在电子媒介时代脱离了可视的物理空间，因此大众传播媒介成为现代社会中"中介的社会性"（mediated sociality）的一个无法忽略的建制。

研究狭义上的媒体效果，一般聚焦到某一传播研究的子领域（比如健康传播），通过严格的实验方法和统计方法，在复杂的当代传播现象中抽取出某一个变量的影响路径和影响程度。研究广义上的媒介"效果"，也就是媒介作为一种建制（institution）对于社会生活的普遍影响，尽管无法通过试验方法来进行实证的研究，但也是无法回避的问题；更重要的是，在某种意义上对这个问题的回答是向拉扎斯菲尔德和默顿的回归，因为正是他们勇敢提出并尝试回答关于媒体的社会影响这样的宏大问题，界定了学科的重要议题（Lazarsfeld & Merton，1969 [1948]）。

媒介化是一个宏观的着眼点，媒介化的理论构建试图将媒介化的过程放到人类历史发展的宏大进程中去，与全球化、现代化、工业化等趋势并列地解释社会进程的发展。在这样的理论指引之下，让·鲍德里亚（Jean Baudrillard，1994）的论述将现代文化的批评推到了极端。他认为，中介的世界观已经占据了社会意义建构的本体，因此在媒介所构筑的符号与象征的世界中，所有的传播、符号都受到传媒所建构的一元化符号的主导。鲍德里亚因此推断，符号"内爆"的象征世界已经取代了真实的世界，甚至"战争"都不曾发生过，因为真正发生的是片断的媒介影像对战争的模拟（Baudrillard，1994：175）。这种极端化的媒介化的后果就是，我们无从由既有的世界的物质条件中找到真实的指涉。

对媒介化的理解和运用在于掌握并服从"媒介逻辑"，这是媒介化理论的核心思想。狭义的"媒介逻辑"（Media Logic）是与媒介建制化相关的概念，也可以说是媒介建制化的必然结果。对媒介逻辑的阐释来源于政治传播研究和新闻学研究，将媒介操作视作一个独立存在的社会建制，因此有自己运作的规范和准则（Hjarvard，2008；2013：17），例如，对新闻实践惯习来说，"新闻专业主义"就是一种媒体逻辑，是关于传播实践的"元传播"脚本（潘忠党，陆晔，2017）。在最广泛的意义上，媒介逻辑指的是媒介技术形态和呈现的格式，因此社会的其他建制机构或系统（例如政治体系、宗教体系、公司机构）等，都需要调试自身的逻辑与媒介逻辑相适配（Altheide & Snow，1979）。也就是说，其他的非媒体机构如果希望在大众媒体上得以呈现、希望在媒介文化和媒介社会中取得成功，都必须懂得和运用媒介逻辑。研究公众参与行动的许多成果正是基于这一观点，为政府、非政府组织、营利公司、利益团体或个人提出了符合媒介逻辑的策略。于是，对"媒介逻辑"这一概念的泛化，也带来了媒介化研究的多样化和复杂化，但究其本质，仍然与媒介的建制化这一原初的概念保持密切的联系。

目前对"媒介化"理论的建构都是为了对旧有的理论进行改造，以期待改造之后的理论范式能够包容新的社会实践。这种修正主义的思路尽管以其兼收并蓄的姿态涵盖了近期的研究，但仍然无法有力地回应对其"媒介中心主义"的批判。

（二）中介化：技术与"传播逻辑"

德布雷（2014：37~38）认为，媒介一词的重点是中介行为，作为载体、渠道、客体的东西，通过中介造就了主体。所谓"中介"，是指两个相区分的元素、成分或过程之间的连接。这种连接既可以发生在技术载体介质之间，也可以发生在社会机制之间。对于关注媒介技术的研究者来说，最重要的中介是发生在物化了特定社会制度和媒介逻辑的传媒之间（Silverstone，2002；潘忠党，2014；潘忠党，陆晔，2017）。

相应地，"中介化"指的是社会交往和关系经由这些中介而发生，并因此部分地受中介物件或机制所形塑的过程。这种"既是技术的，也是社会的"逻辑和规则（Silverstone，2002），是信息技术社会的重要特征。"两个相区分的元素、成分或过程之间的连接"，就是这样一个中介的过程。从更广泛的意义上来说，"人类交往和互动都是中介了的过程……所有的社会生活也都有中介机制"（潘忠党，2014）。

中介化的媒介理论首先承认传播技术的物质属性，这一思路可以追溯至以英尼斯、麦克卢汉、梅罗维茨为代表的媒介理论。媒介理论中对"媒介"这一概念的梳理，可以在加拿大学者哈罗德·尼斯（Harold Innis）和马歇尔·麦克卢汉（Marshall McLuhan）为代表的媒介理论经典中得以阐释。但是，在传播理论的教科书中，粗疏地将这一流派的理论观点冠以"技术决定论"的笼统标签。这种标签部分地误导甚至低估了对这一理论观点的认识。近年来，电脑、互联网、社交媒体等信息技术带动的信息传播及其社会影响的发展，凸显了传播科技史论述中的前瞻性观点，撬动了传播技术理论的复兴（Levinson，1999；van Loon，2008）。

所以，"中介化"体现了一种辩证的传播逻辑。德布雷（2014：38）主张，没有中介的信息是不存在的，而且他对"中介"的含义界定较广，既可以指符号表示的整体过程，也可以是社会交流规范，还包括储存信息的物理载体。

信息技术的发展，开始消解由传统的或旧有的技术所生成的元素，比如，电报的文本、发电报的行动和文化规范都已凋敝了。信息技术的发展也在更深层次的传播逻辑上，影响着社会结构的变迁。传播社会互构论认为在传播技术与社会的相互作用中，相应的元素在逐渐消失。例如，在中国曾经进入家家户户的有线广播喇叭以及通过它而传递的政治鼓动元素，已经在日常的政治行动和公众参与机制中不复存在。丹麦传播学者詹森（Jensen，2013）采用这一思路探讨了数字媒体（digital media）的引入和传播形态与结构的变迁。詹森认为，数字媒体可被看作是"元媒体"（meta-media），因为它将新、旧形态的媒体整合于同一技术平台；它们也成就了新形态的"元传播"，即传播发生的不同条件和情境，而且还可追踪、记录传播活动的各种构成元素，形成所谓"元数据"（meta-data），被系统管理者和第三方机构用以实施相应的监控或营销等社会控制手段。

可见，中介具有双重性质，它不仅包括工具，还包括个人和集体的行为。既包括组织性的物质层面，也包括物质性的组织层面（周翔等，2017）。中介在一般意义上可以理解为具有双重性质的连接两个相区分要素、机构或者行为主体之间的介质，反映出介于两者之间的角色，起到了中间载体的作用（McQuail，2005:82）。对本书而言，"中介"的概念因为具有空间面向而更具有包容性和解释力。

（三）空间层次与移动传播技术中介化

空间视角下，公众参与的组织逻辑的变化，正是移动传播技术"中介化"过程的体现。

相较于媒介化的宏观视角，中介化更强调微观和中观层面上，人作为个体使用信息传播技术开展媒介实践以及由此生发出的意义和认同。沿此路径，传媒技术同时也是体制的结构性规制与人们创造性实践之间相碰撞的界面。因此，理解新传媒技术的社会文化意义需要将着眼点放在作为社会实践主体的使用者及他们的日常生活实践，解读他们如何通过使用新传媒技术开展行动，并由此探寻意义。公众参与行动者在行动中形成了共识性的认同和归属，可以是移动互联网技术中介化的体现。在这一层次上，移动互联网技术的中介化体现在地方化空间的层面，是个体的"生活现实"。

在生活现实中的日常实践同时开辟了新的意义空间，情境化空间和符号化空间在与移动互联网的中介过程中互相生成。更为清晰地把握媒介技术作为"中介化"观点，需要首先认识到其核心思想是"媒介主体化"。加拿大学者英尼斯是将"媒介"这一概念理论化的开疆者。他从政治经济的视角切入，分析了加拿大大宗物资的开采与运输，探究传播、信息工具与人类不同阶段传播文明之间的关联性（Innis，1972；Blondheim，2003）。麦克卢汉（McLuhan，1962）是这一理论工作最重要的衣钵传承者，他承袭英尼斯的媒介史观，将人类历史依据口语媒介、文字媒介（包括书写和印刷）、电子媒介这三种形态划分为三个阶段。对这一派观点而言，特定的媒介所具有的形态、质地是不同的，因此人们使用它的方式、由此发展而来的行为方式、生活习惯甚至世界观，都是不同的。所以有了我们耳熟能详的"媒介即讯息"，也就是说媒介所承载的信息的格式也是不同的，而这些都是媒介研究的范围。

英尼斯和麦克卢汉理论中这种宏大的社会历史观，是"技术决定论"这一标签无法准确把握的。例如，英尼斯谈及一个历史时期中的主导性媒介时，强调特定的媒介具有主导社会传播环境的能力，而这种主导性的特征阻碍了其他替代性媒介的发展可能，从而不断提升这一媒介的主导地位，最终影响了社会建构、历史发展或文化风貌（Innis，1972）。

技术决定论因为过于倡导媒介技术、忽略支持技术发展的社会网络，而受到批判。英国的文化研究学者雷蒙德·威廉斯（Raymond Williams，1975）以电视为例来论述，传播技术的社会影响是一个缓慢调试的过程，这一过程中社会、经济、政治的互动过程是客观存在不可忽视的。电视技术发展原本服务于其他目的，即使是电视的技术已经成熟，也没有立即进入我们的生活，这中间又等了数十年。而进入大众生活时候的样态，已与科技研发初期的形态相去甚远了。因此，威廉斯提出了媒介的社会实践问题，主张观察传媒技术与社会、政治、文化不断互动协调的机制。

针对以威廉斯为代表的"文化决定论"的批判，近年来科技与社会变迁的学术讨论中将焦点落到社会组织和行动条件上。例如，媒介人类学者莉萨·吉特尔曼（Lisa Gitelman，2006）主张，新媒介的出现并不总是革命性的，与其说新媒介科技代表与旧的认识论之间的全然断裂，不如说新媒介必须设法镶嵌到既有的社会场域中，并持续协商其存在的意义。有学者则主张将媒介"去本质化"——不再以对传播技术的"使用"作为界定媒介的唯一标准，认为"媒介不是固定的自然物件，媒介没有自然的界限。媒介总是在复杂的习惯、信仰与过程的综合体中被建构出来，并镶嵌在重复的传播文化符号中"（Marvin，1988）。

中介化的空间不是一个静止的概念，它可以反作用于空间的形成，空间生成新的空间。所谓传播技术的双重逻辑，既是空间经由移动互联网使用的中介化过程，也是空间对移动互联网技术的中介与再生成。

二、中介化的公众参与

在辩证传播逻辑与参与空间的互构中，"公众"（the public）概念具有流动性，是空间上与同代人的关系，这种关系超越血缘、超越阶层，所有人一视同仁，都是政治这顶华盖（canopy）下地位相同的公民。同时，"公众"的流动性，是时间上与共和传统产生的关系，是与分享同一政治遗产的祖辈之间的关系（凯瑞，2005：4）。这种在时间上、空间上的关系广泛而且深远,波科克(Pocock,J.G.A.)用"根本上的限定"(radical finitude)作出概括。

(一)公众参与的定义和研究意义

"参与"在英文文献中常对应于多个词汇,除了前文在解析"网络行动主义"时介绍过的"行动"(action)之外,还有participation, engagement, involvement 等。简单地说,engagement 强调主动的行动,参与者通过长期参与形成对过程的影响;involvement 更多是被动的卷入,强调参与的程度;而 participation 的意思最为广泛,不仅包括行动,还包括言论。

公民参与(Civic Engagement)在西方是一个由来已久的政治学概念,主要考察的是公民的政治协商行为、舆论表达、选举活动等民主社会特有的社会现象。经典意义上的"公民参与"概念及以此为基础发展起来的理论对中国的实际情况适用性有限。本研究希望从西方公民参与理论特别是群体行动理论获得启发,在传播学与社会学相交叉的视角下、基于本土文化和公众参与的实际情况提出一套自己的分析框架。公众参与包括表达式参与和行动式参与,前者以公共协商为主要代表,而后者包括集群行为、群体行动和社会运动。由此,公众参与(Public Engagement)的概念拓展到一切服务于公众利益的社会行为,公民参与是广义的公众参与的典型形式。

公众参与是不同民主制度下的共同主题。在中国,改革开放以来党和政府都一直强调公民的有序参与,并将之作为推进中国特色民主政治的重要内容。例如,胡锦涛指出"要丰富社会主义基层民主的实现形式,扩大人民群众的有序参与",习近平强调要"充分重视调动公众参与社会治理创新的积极性"。

被西方当代民主理论不断发展的"协商民主"同样强调公众参与对民主政治的重要性。公众参与具有重要意义，表现在五个方面：①公众参与是实现公民权利的基本途径；②公众参与可以有效防止公共权力的滥用；③公众参与可以使公共决策的过程更加科学和民主；④公众参与能够促进社会和谐，因为公众的实质性参与可以协调利益平衡；⑤公众参与本身就是一种价值，因为参与可以唤醒公民的权利意识和民主意识，培养公民的公共合作精神（俞可平，2008：3）。

也正因为公众参与（Public Participation）作为民主政治基础的重要地位，这一概念在政治学、公共管理学、社会学、传播学等的研究中都是一个不证自明的前提。这种"拿来主义"的态度也导致了这一术语的概念界定具有争议性（Day，1997）和模糊性（King et al.，1998）。皮尤公益信托将公民参与（Civic Engagment）定义为公众参与的最基本形式，并且给出定义：涉及公共事务的所有个体和群体行动都可以称为公民参与（Smith，2013）。公众参与表现为多种形式：个体的志愿行为、参与相关的组织或机构、参加选举活动，都可以是公众参与的行为。当公民通过倡导某个议题、参与到社区事务中解决问题、与相关机构接触以促进代议民主的时候，他就被视作在为公众参与作出努力。

略去对林林总总的定义的罗列，本书直接采纳俞可平的定义。清华大学学者俞可平（2008）将"公众参与"定义为：公众参与、公民参与等概念具有同样的含义，都指的是公民试图影响公共政策和公共生活的一切活动。从这一概念出发，投票、竞选、公决、听证、检举、游说、对话、辩论、协商、结社、串联、请愿、集会、抗议、游行、示威、反抗、动员、上访等形式，凡是旨在影响公共生活的行为，都属于公众参与的范畴。

公众参与包括主体、领域和渠道三个要素。一是参与的主体，包括作为个体的公民，及其所组成的各种民间组织。二是参与的领域，这一公共领域的主要特征是公共利益和公共理性的存在。三是参与的渠道，包括各类组织机构互动的渠道，也包括大众传媒等其他社会机构建立起来的表达和互动渠道。这三个方面在新技术的影响下都在发生变化。首先参与主体的多元化，表现为机构、非机构、技术平台等多种类型的主体都纳入公众参与的互动过程；其次是参与领域的变化，不仅参与的内容不断扩展，参与的形式也在更新，比如小额的捐赠、点赞、转发等行为是否被纳入到公众参与考虑的范畴，成为相关政府工作者和学者必须面对的问题；渠道的多元化和遍在化则打破了传统的机构对机构、机构对个人的传播格局（Innes & J. Boomer，2004）。

（二）公众参与的两种行为方式

在重构的杂糅空间中，中介化的公众参与者主体的参与方式可以概括为"话语"和"行动"两个大类。

第一种方式是"话语"，即表达式的公众参与，这种类型的公众参与在民主社会架构中的理想形态是"公众协商"。"公众协商"（Public Deliberation）是从政治学的视角切入公众参与的概念，其确切定义在学界尚未达成定论（Ryfe，2005）。不过对公众协商的功能和过程这两个方面，学界已达成一定程度的共识。首先，公众协商是一个基于理性辩论的传播过程，在这一过程中，争锋的观点得到充分的辩论，在观点的争锋与交互中达成合意，因此公众协商概念也运用于大众舆论形成的过程（Bohman，1996；Habermas，1989）。其次，公众协商是以解决问题为目标导向的传播过程。最后，公众协商的主题针对政治及社会议题等关乎公众利益的问题。自从 20 世纪后半叶以来，"公众协商"逐渐成为政治学领域的明星概念，被认为是实现民主目标的基础（Cohen，1989；Manin，1987）。公众协商的作用包括但不局限于优化社会政策与规范、完善法律法规、承担公民参与的教育责任、培养有公共社会意识的公民。

公众协商被认为是协商式民主的基础，也是公民参与的最主要方式。在本研究所关注的公益传播和参与这一话题中，公众的协商围绕公益丑闻、热点事件展开。这种围绕热点事件的网络协商具有什么特点？参与协商的社会主体为何加入、如何组织？表达式公众参与在空间结构中表现出何种特征？这些问题都是研究公益的公众参与机制的子问题。

中介化公众参与的第二种方式是行动式的参与。韦伯认为，社会学是研究社会及社会行动（Social Action）的科学，由于社会行动是"以其他人过去的、当前的或者未来所期待的举止为取向的"，行动的主体具有主体间性，那么主体的行动是有意义的，且意义是可以理解和说明的。因此，社会学的两大任务就是对社会行动进行解释性的理解、因果性的说明（侯钧生，2001）。对这一类别行为模式的研究可以从既有的关于群体行动、网络行动的研究中汲取丰富的成果。

群体行动（Collective Action）是"两个以上的个体为了共同的公共利益（Collective Good）而采取的行动"（Marwell & Oliver，1993）。在全球化趋势中，群体行动的组织正在经历全球框架、世界化、扩散、规模转化、外在化和行动者伸张正义诉求的联盟抗争六个过程（Tarrow，2005：25）。在社交媒体条件下，公众参与的行为逻辑包括群体行动和联结性行动（Bennet t & Segerberg，2012），更细致地考察其组织模式，可以从社会动员的四种组织理论中找到行为模式的原型（Prototype）。

（三）行动式公众参与的四种组织理论

社会行动的核心的组织逻辑是社会动员。在赵鼎新（2006）提出的"变迁——结构——话语"框架下，公众参与行动的组织和动员包括四类。

第一类是集群行为与心理学取向。古斯塔夫·勒庞的《乌合之众》（LeBon, 1982[1895]）将群体行动的组织规律总结为"心智归一法则"（the Law of Mental Unity）。他认为单个的人是理性的、有文化的，但是在个体人聚集为群体（Crowds）的过程中，思维方式和行为方式也会逐渐趋于一致，其思绪和行为逐渐脱离了理性的控制。于是人群开始表现出双重道德，或者做出英勇的献身行为，或者可能变成乌合之众，受到权威和魅力型领袖的引导而加入到极端运动中去。勒庞对于集群行为和社会运动持悲观态度与其个人的生活经历密切相关：青年时期的勒庞经历了普法战争和1871年巴黎公社革命，目睹了非理性的"乌合之众"群情激昂破坏历史建筑的景象。

早期的社会动员理论分析注重群体心理和情感。勒庞的著作也被认为是社会心理学的开创性研究，在他之后，布卢默（Blumer, 1946）从符号互动的视角继承了这一思想，总结出集群形成的社会心理三阶段：集体磨合（Collective Milling）、集体兴奋（Collective Excitement）和社会感染（Social Contagion）。之后，集群行为理论还讨论了"群体怨恨""相对剥夺感"等因素的影响。斯梅尔泽（Smelser, 1971）总结出社会运动发生的六个因素，分别是：①结构性诱因（Structural Conductiveness），可能是结构本身具有导致社会运动发生的有利因素；②结构性紧张（Structural Strain），指的是社会结构衍生出来的怨恨、相对剥夺感和压迫感；③概化信念（Generalized Beliefs）；④触发性因子

（Precipitation Factors）指触发社会运动的元素或事件；⑤社会行动的运动动员（Mobilization for Action）；⑥社会控制力的可操作空间（Operation of Social Control）。斯梅尔泽的理论中也包括"概化信念"这类具有心理学色彩的概念。总的来说，集群行为范式强调人群的非理性、情绪和情感。

第二类是资源动员理论。资源动员理论是对集群行为范式中过分强调群体"非理性"特征的反思和校正，但是资源动员理论对于"理性"的探讨本身也处于不断修正的过程中（莫里斯等，2002）。

麦卡锡和扎尔德（McCarthy & Zald，1977）在《社会运动在美国的发展趋势：专业化与资源动员》为开端的一系列文章中对 20 世纪 60 年代出现在美国的众多社会运动的原因做出解释。20 世纪 60 年代以来，西方兴起了大规模的社会运动，包括同性恋运动、反越战运动、新左派运动、女权主义运动、环境保护运动等，因为区别于传统的以执政权力为主要诉求的运动，而被称为"新社会运动"。

麦卡锡和扎尔德认为，60 年代出现的社会运动井喷现象，并非因为前一种范式中强调的社会怨恨、相对剥夺感、社会矛盾等因素，而是因为运动参与者可以利用的资源大大增加。这些资源包括：可供自由支配的时间（Discretionary Time）、可供利用的资金等。更进一步，由于经济和社会发展带来的资源增加，很大程度上还决定了社会运动的未来发展方向，会呈现出专业化和资源动员趋势，还可能呈现出领导者源于组织外部、领导者"创造出"愤怒、挂名成员（Paper Membership）增加、专业人才擅用媒体争取新闻报道、参与者更加依靠个人"间接感受"而非"直接经历"等特征。麦卡锡和扎尔德的研究在其发表的 20 世纪 70 年代受到广泛的关注，后续出现了一系列补充或修正的研究。

虽然麦卡锡和扎尔德的研究结论中并未直接对文化和符号作为"资

源动员"的一个核心要素加以讨论，但是在公益传播的研究中已经有很多以"文化资源"作为动员要素的研究。例如，孙立平等（1999）认为，"希望工程"能够争取到大众的支持，就是很好地调用了中国文化中"尊师重教"的文化资源。

第三类是政治过程理论，该理论主要观点在蒂利（Tilly）和麦克亚当（McAdam）的研究中得以阐述。蒂利（Tilly，1978）提出的"动员模型"总结出的社会因素包括：①利益驱动；②行动组织能力；③动员；④个体加入社会运动的阻碍因素或推动因素（Repression / Facilitation）；⑤政治机会或政治恫吓；⑥权力对比。

蒂利将国家视作一个政体，政体下包括政体成员和非政体成员两类人群。政体内部成员通过常规渠道对政府施加影响，而由于政治壁垒的存在，政体外成员影响政府政策的渠道往往十分困难甚至要付出巨大代价。所以，政体外成员可以通过三种方式影响政府：一是设法进入政体，成为内部成员；二是发动革命打破政体或改变政体性质；三是与政体内成员建立联盟。而这种政体内部成员和政体外成员的联盟关系，为发起集体行动提供了政治机会（Tilly，1978）。

曾繁旭（2012）对于公益组织与媒体之间互动关系的研究中所采用的思路，基本与政治过程模式类似，主要考察了公益组织如何与大众媒体互相建构"议题"，从而为公益组织和公益行动的合法性获得、争取动员资源和空间等方面提供帮助。

第四类是社会运动话语与符号性行为方式。麦克亚当《政治过程和美国黑人运动在1930—1970年的发展》中关注了20世纪60年代黑人运动的起因和发展，提出社会运动的政治过程理论。他认为社会运动的起点在于宏大社会经济过程，这个过程包括战争、工业化、程式化、大规模人口变迁以及国际政治变化等宏观的因素；并且在模型中引入了

"认知解放"（Cognitive Liberation）因子。（McAdam et al., 2003）这是
麦克亚当模型超越蒂利模型的重要创新点，因为在此之前的文献中都没
有强调话语和意识形态方面的内容。麦克亚当认为，认知解放的过程是
必须经历的，这一过程中人们对从前认为理所当然的东西产生了质疑。
总而言之，麦克亚当认为，政治机会、认知解放和运动组织力量是社会
动员的三个重要因子。

考察当代中国媒介生态中公众参与的情况，与公益动员和群体行为
相关的传播技术与信息科技的发展与变迁是研究的切入口。具体而言，
我们的研究注意力集中在当代中国公益活动开展过程中不断普及、推陈
出新的传播科技。诸如人们每周使用电子邮箱的次数、登录社交网络的
次数这种表面相关、关注媒介使用偏好等一类变量与某一类别的公众参
与行为之间的关系这种理论假设的逻辑陷阱，在研究过程中应当有效地
规避之。已经有大量的研究表明，技术使用可以降低行为成本，或者增
加行为选择，保证信息得以更为广泛的传播，或者在某种程度上铲除了
信息传播的障碍。本文研究的新生的公益活动／项目，从表面观察来看
尚未形成组织化的管理，更称不上有行政体系的机构，因此我们的理论
构建需要尊重当下公益活动开展的实际情况，同时结合中国特殊的公益
历史和慈善救助的文化背景。以公益项目为核心而形成的公众参与群体
是我们的研究对象，也是理论构建不断回望和观照的根基。

（四）公众参与的组织逻辑及测量框架

公众参与的构架与测量从三个方面着手。一是个体的公众参与体验，
我们沿用比姆伯对"群体行动空间理论"（Bimber et al., 2012）的两个
衡量维度，即参与度（Engagement）和互动度（Interaction）作为衡量指标，

采用与原研究一致的测量方法。由此可以生发出公益公众参与的行动式参与和表达式参与两种行为方式。二是组织层面的部分，主要采用社会资本及相关研究的测量方式。三是宏观的公益参与的空间，包括"公域—私域"框架中的空间，和"国家—社会"中的空间两个层面。在这部分我们将重点考察公众参与的监督机制，即公益传播的主要内容，包括公益透明度、有效性、权责性和合法性四个部分的内容。

1. 参与度与互动度

为了从微观上对个体的行为机制和公众参与体验进行经验性的描述，本书采纳群体行动空间理论（CAST），采用参与度（Engagement）和互动度（Interaction）两个维度用于衡量总的公众参与（Bimber et al., 2012:92-97）。互动度在 CAST 理论中作为群体行动空间的横坐标轴，两端分别是人格化（Personal）互动和非人格化（Impersonal）互动。与互动度相对应的参与度指的是个人参与到组织的议程设置和决策制定中的程度，主要用于探讨"主动/被动"受众区分。例如，比奥卡（Biocca, 1988）总结学界主要采用了 5 个术语来描述受众的主动性，分别是选择性、功利主义、目的性、抵制影响和参与。在大众传播的研究语境中，参与（Involvement）被认为是一种全神贯注的接收状态。受众参与度越高，越会积极主动地思考和反馈，将媒体内容与自己的实际相联系，与他人就媒体内容进行讨论；相反，低参与度的受众则心不在焉，缺乏对传播内容的理解与记忆（麦奎尔，2006:77~79）。互动度和参与度分别由 6 个题项进行测量，将在第二章中"概念化及测量"部分详列。

2. 社会资本与组织逻辑

除了微观层面的测量，还可从中观层面的分析采纳"组织"的逻辑，"社会资本"的测量被运用来衡量公众参与行动中的关系。"社区"是公众参与的基本形态，在社区、类社区、组织、类组织等结构中，公众行动者之间的社会关系得以形成。卡耐基基金会高等教育负责人托马斯·埃利希（Thomas Ehrlich）将公民参与（Civic Engagement）界定为关注在社区层面的通过知识、技能、价值观和动机的结合，达成社区公民生活的发展的过程；公民参与意味着通过政治的和非政治的进程达到改善社区生活质量的目的。在西方理论中，中观层面的公民参与研究载体以"社区"（community）为主，并考察不同类属的社区关系为参与式民主政治（participatory democracy）带来的可能后果。

哈佛大学政治学教授帕特南（Putnam，2001）历经十余年写成的《独自打保龄》，致力于从社区层面考察信息传播技术与社会互动关系。他通过翔实统计资料分析，发现了美国公民参与下滑的现象。帕特南进一步分析社区萎缩的原因，并将电视的娱乐性使用"定罪"为元凶之一，认为其与代际变迁、城市扩张等因素一同导致了公共生活的冷淡和社会资本的萎缩，进而用盯着电视荧屏"独自打保龄"的悲凉场景为"公共不参与"的趋势敲响警钟。在这部著作中，帕特南将"社会资本"（Social Capital）作为衡量社会关系水平的科学标准。"社会资本"概念的核心内涵是"人与人之间的相互联系，以及由此带来的相互信任与互利互惠的意愿"（Putnam，2001）。"社会资本"是衡量"公众参与"质量的一个重要标准，也是影响公众参与意愿的一个重要变量。帕特南教授颇具想象力地提出了一套二分体系，将社会资本划分为"联结型社会资本"（Bridging Social Capital）和"黏合型社会资本"（Bonding Social Capital）两种类型，并大胆断言两种社会资本不可能发生相互转换。有研究批判帕特南社会资本测量方式中对公民行为与社会资本的因果关系混淆模糊。首先，公众参与（有时也称之为公民行为）应该是社会资本的结构，而非社会资本的构成形式（Paxton，1999:101）；其次，帕特南所言的社会资本多从政治学的视角考虑问题，他主要通过社会组织的数量来考察作为衡量社会资本的主要维度；最后，他选择了 20 世纪 60 年代作为比较的基线，但是由于这个时期是"二战"刚结束的年代，社团和公众参与的热情普遍较高，因此任何时期与这一阶段相比都表现出下滑的趋势。

分析中介化的公众参与的组织模式，需要分析其参与者的社会关系，以及具体到某一公共事务中时个体的卷入程度。本研究将会沿袭这种对社会联系衡量标准的二分体系及其测量指标，采纳"社会资本"的测量来对当代中国公益公众参与带来的社会关系现状做出实证分析。具体而言，本书遵循罗家德、陈晓萍（2012）的分析框架，包括项目内部社会资本和普遍社会资本两个部分，各包括 8 个题项，在本书第四章中具体阐述。

3. 宏观的社会空间

公众参与行动形成多元化的组织形态，而这些组织逻辑必须在宏观的媒介化社会中运作。对于公众参与而言，信息语境为公众参与行动及组织的透明度、权责安排、合法性提供信息，以符合媒介逻辑的运作规律。对于透明度、合法性和效率的测量及其中介作用在第五章详述。

（五）媒介化社会中公众参与的困境

公众参与的人员动员、制度设计、政策回应都面临许多困境，这些困境既来源于人性中的基因，也来源于政治制度设计和运作中一些难以调和的矛盾。在媒介化社会中，公众参与难以解决的困境包括公共物品的"搭便车"现象、民众权利的分配和保障、突发性事件的政策有效回应等方面。

公众参与在个体层面的困境表现为"搭便车现象"。例如，对微公益的社会倡导和普遍的社会改善来说，低参与度的点赞和转发是对高参与度的行动式参与的"搭便车"。群体行动者可以共享行动取得的成果，即"公共品"（public good）。公共品不仅指经济学上的可以触摸的如路灯、公路、桥梁等，也可以是传播系统、信息数据库等关乎公众生活的服务和体系（Connolly & Thorn，1990），还可以指公共政策的变化和社会运动政治结果。公共品的重要特性是"非排他性"（non-excludability）和"非竞争性"（nonrival），即指一人的使用不会导致另一个人使用的减少（Hardin，1982：75）。但是，人们群体行动成果的共享导致了"搭便车现象"。

公众参与的普遍性和持久性不可兼得。涉及普遍利益的公众行动往往能够吸纳广泛的公民行动，但是他们的参与程度普遍较低。而组织化的公众参与虽然可以较深地推进公共事务的程度，但是由于其涉及的利益窄化和纵深的取向，参与的规模往往越来越窄，动员能力也越来越低下（Olson，1965）。因此，很多人虽然对公众参与对民主的促进作用表现出信心，但是却对行动如何执行、极端利益如何协调的问题表现出忧虑（Gruber，1987；Schumpeter，1942）。

对公共制度设计专家来说，他们最为关心的问题是公众参与者有没有足够的权利、合适的方法来进行有效的公众参与。阻碍有效的公众参与的因素有很多，比如在制度设计层面，民众没有足够的权利，无法保障公民权利实现的有效途径（Arnstein，1969），问题也有可能出在那些为边缘群体提供专业帮助的社区组织方面（Davidoff，1965）。虽然有很多学者致力于探讨公众参与目前存在的问题（Baum，1998；Hibbard & Lurie，2000），探讨在技术方面如何改善（Crosby et al.，1986；Denhardt & Denhardt，2000；Thomas，1995），或者在文化方面更加敏感（Umemoto，2001）。尽管书斋里的计划头头是道，但由于缺少对机制的具体设计和落实的行动力，因此尽管公众参与的愿景是美好的，但也只能停留在理想的层面。

不论是精英代议的民主制度设计，还是直接普选制，都承认和尊重既有的制度框架下公民的权利，对其政治参与的能力予以充分的信任，不断完善慎议民主的理论。在既有的民主制度框架下，如何保证公众协商的有效运作，其渠道和方式是向各社会主体开放的（Innes et al.，2004）。

具体到本书的重要研究对象（公益与慈善）上，案例分析显示公众参与在信息技术中介化的空间中出现三组新的悖论，分别是事件性运作和常态化运作的矛盾、平台化与组织化动员之间的矛盾，以及诉诸情感的宣泄与诉诸理性的协商之间的矛盾。本书的结论部分将通过案例分析做出归纳。

三、赛尔媒体的隐喻：研究问题与研究框架

梳理传播技术发展的历史，如果将之比喻为一个 24 小时的时钟，以公元前 3000 年莎草纸的出现作为一天的开始，那么 19 世纪 30 年代电报（telegraph）问世、20 世纪 40 年代电话（telephone）问世、19 世纪末无线电（radio）问世、20 世纪四五十年代电子计算机（computer）问世、20 世纪 80 年代互联网（internet）问世、1990 年左右移动通信设备（mobile，1G）问世，这些深刻影响人类历史进程的技术，都发生在一天当中的最后一个小时。这就是刘慈欣在其科幻小说《三体》中描述的"科技爆炸"的状态。

本书的核心问题是探索移动互联网对公众参与机制的影响。但由于

移动互联网仅仅是诸多传播技术的一种，因此要全面地分析这个问题，就必须采取更为宏大的视野，考察传播技术的创新、采纳和社会影响，并分析移动互联网在其中的普遍性与特殊性。在科技的快速迭代过程中，了解其社会影响，需要历时地去剖析。在文献综述部分，我们首先介绍了媒介化理论和中介化理论。接下来，我们将运用媒介理论和传播生态学理论来梳理科技发展与社会影响的研究，并且将重点放在移动社交媒体这一技术形态上。

（一）移动传播研究及其核心议题

媒介在占据日常，"我们会发现自己处在这样一个世界中：在这里，我们几乎随时随地地都是某种媒介的阅听人"（莫利，2010：233）。

移动互联网在 21 世纪的前 20 年变化迅速，新技术的创新和采纳快速发展。在中国，据互联网信息研究中心 CNNIC 于 2018 年 1 月发布的《第 41 次中国互联网报告》显示，中国移动互联网使用人口占网民人口的比例正呈现出快速上升态势。截至 2017 年，全球人口达 76 亿，而据国际电信联盟（International Telecommunications Union，ITU）统计，全球人口中有 48% 使用手机，而 15~24 岁的年轻人中，这一比例高达71%（ITU，2017）。据中国互联网研究中心 2018 年 1 月发布的《第 41次中国互联网络发展状况统计报告》显示，4G 移动电话用户持续高速增长、移动互联网应用不断丰富。2017 年 1 月至 11 月，移动互联网接入流量消费累计达 212.1 亿 G，比 2016 年同期累计增长 158.2%。截至 2017 年 12 月，我国网民总体规模达 7.72 亿，互联网普及率为 55.8%，手机网民规模 7.53 亿，网民使用手机上网的比例高达 97.5%，人均每周上网时长 27 小时。移动互联网主要呈现三个特点：服务场景不断丰富、移动终端规模加速提升、移动数据量持续扩大。以手机为中心的智能设备成为"万物互联"的基础，车联网、智能家电促进"住行"升级，场景进一步向线下转化，构筑智能化、个性化的应用场景。网民规模趋于稳定，人口红利逐渐消失，大数据处理技术与数据量剧增的深度融合为移动互联网产业创造更多价值挖掘空间（中国互联网络研究中心CNNIC，2018）。中国工业和信息化部电信研究院《移动互联网白皮书（2011）》将"移动互联网"定义为以移动网络作为接入网络的互联网及服务，包括三个要素：移动终端、移动网络和应用服务。移动终端接入互联网、社交网络的访问量和数据流量爆发式增长。追溯CNNIC发布的系列报告，十年前的2007年，全国网民为2.1亿，其中手机网民为5 040万，当时4G网络尚未普及，社交媒体刚开始被初步采纳。

与移动互联网的快速普及密切相关的，是一个被称作"移动传播"的学术领域和学术共同体的出现。得益于早期诺基亚等手机企业的资助，移动传播从北欧发端之后，研究对象集中于对手机等即时通信工具对社会影响、公私领域分隔、亲密关系等的研究。划定一个学科或学术领域的操作性指标包括定期出版的由同行评阅的学术刊物、专门学术会议或者进入学科国际会议的专题板块、研究中心的设立、课题研究以及一批代表性研究作品的出现。从上述指标来衡量，移动传播都已经成为一个朝气蓬勃的研究范畴。首先，相关的定期出版的学术刊物已经出现，《全球移动传播期刊》（*International Journal for Mobile Communications*）和《移动传播研究》（*Mobile Communication Research*）等期刊于2009年开始正式出版并面向全世界征集研究论文，除此之外，新媒体研究和计算机媒体研究类刊物在20世纪90年代中期即开始收录很多与移动传播技术相关的研究论文，而且这一数目呈逐年上升趋势。其次，传播学领域国际会议ICA和美国国家传播学年会NCA都设有相关的研讨板块。最后，研究基金和研究课题的出现，已经促成了研究者与研究成果的对话，例如北欧的若干课题均是受到本国移动通信终端生产商和移动运营商资金支持。此外，移动传播发展的一条有趣的历史线索，是手机与互联网的铰链式竞争。比如，美国的移动传播研究之所以呈现出南强北弱的格局，正是契合了美国北部互联网市场发展速度远超移动通信网络及市场的发展速度、而在南部则恰好相反的情况。在各方力量的助推下，移动传播研究向世界范围扩散。美国新泽西州罗格斯大学（Rutgers University）设立移动传播研究中心，该校的詹姆斯·卡茨（James Katz, 2002；2008）等人编纂移动传播研究论文集，从各国的手机和移动互联网使用情况，对公共、隐私、亲密关系等角度划定了研究领域的边界，欧洲、大洋洲、亚太地区都有研究本地移动传播的相关论文被集纳到论文集中，例如对日本（Ito et al., 2005）和中国香港（Law & Peng, 2008）等研究成果。

梳理移动互联网技术发展的社会历史背景，值得注意的一组机制是移动运营商和互联网服务提供商之间的市场和经济角逐，在不断推进的"媒介融合"（Jenkins, 2004）竞争中发展并呈现出新的协作态势。随着全球范围内的移动通信设备的市场占有率上升、无线网络覆盖率增加以及移动通信网络的制式融合与带宽升级等基础设施升级，通过制式融合、市场与经济融合、政治与文化融合等一系列现象，移动终端与互联网的技术接轨正不断挤压其他网络接入终端在日常生活中的空间。

对于日常生活的渗透现象是既有的大众传播理论和群体传播理论无法完全回应的。随着 WiMax、3G 网络、4G 网络等无线通信及移动科技的全球布局，普适移动渗透无线（Ubiquitous, mobile, pervasive, and wireless, UMPW）信息技术系统超出科技研究范畴，进而受到社会科学研究的关注。例如，Ahluwalia 等人（2014）对 2000—2010 年间在 13

本主流信息系统研究学术期刊中的 430 篇涉及 UMPW 的论文进行文献研究，总结出 17 组主要研究主题。在这些文献基础上，本书对移动传播研究的粗略梳理可以总结出以下关键词：

第一个关键词是同时在场（Co-presence）。同时在场指的是通过视频聊天、电话语音等方式实现心理层面上处于同一空间情境。可见，尽管"同时在场"更多地将人们推向了"符号化空间"和"情境化空间"，但是这种"同时在场"所创造出来的认同感和熟识感，成为公众参与（特别是网络行动）的动机因素。在皮尤互联网调查中心（Pew Research Internet Center，2012）2012 年发布的报告中，移动互联网成为数据收集与分析的重点话题。例如，皮尤报告重点测量了美国成年人口的互联网接入行为中通过移动互联网接入的人口比例，以及人们在移动互联网使用过程中表现出来的新的传播特征与传播规律。"即时使用"（Just-In-Minute）是美国成年网民对移动互联网的使用特征之一。

第二个关键词是移动性（mobility）。对移动性的把握首先是行动者个体的可移动性。与传统的电视、电影、台式计算机相比，行动者个体在空间上不再受媒介物理的限制。因此，对可移动性的讨论常常会追溯到同样可以移动的收音机和不具备互联网接入功能的手机上来作比较。

比如，布赖恩特（Bryant，2009:175）从使用需求的角度进行总结，他认为，电话和互联网的共同点在于，它们都是对移动性不足的一种备选性媒介，是人们回避面对面交流的方式。比如，那些觉得自己在人际关系中不受重视的人，会以"听众来电"的方式给广播节目打电话表达（Avery et al.，1978；Armstrong & Rubin，1989）。相似的，互联网也带来了公众参与中的"宅男"和"键盘侠"现象，这些大多是对面对面的人际交流感到焦虑的人（Flaherty，et al.，& Rubin，1998）。那些外向的、擅与人交往的人更喜欢面对面交流，而不是某种媒介中介后的交谈（Finn，1997）。

当然，更具有理论意义的"流动性"含义本质上是时间上和空间上关系结构的动态属性。例如，卡斯特用"流动的空间"来概括网络社会的特征。约书亚·梅罗维茨（Joshua Meyrowitz Joshua）从象征互动理论的取向出发来把握"流动性"（梅罗维茨，2002）。

第三个关键词是"遍在化"（Ubiquitous），是对移动媒体的本质特征进行描述的概念，人们在"7/24"（一周7天、每天24小时）状态下都通过手机与互联网连接；在可预见的未来，人工智能（甚至机器芯片）将更深度地融合到人们的日常生活中去。人们处于持续连接状态（in constant touch）中，有学者提出疑问：技术的"多进程"特性是否会进一步压缩现代社会业已紧迫的时间节奏（Castells et al.，2006）。

第四个关键词是微协调（Micro-Coordination）。因为移动通信技术为人们处于"永远连接"（Perpetual Contact）（Katz，2002）提供了便利，所以人们可以在不间断的联系中协调行动。例如，微信的定位服务中有一个"分享实时位置"的功能，就是微协调的恰切例子。皮尤调查报告（Pew Research Internet Center，2012）显示，有70%的手机持有者和86%的智能手机持有者在过去30天内从事以下活动中至少一项任务（本文只摘录按频次由高到低的前五项，括号内显示具体比例）：协调一个会议或者聚会（41%）；解决了一个意料之外的问题（35%）；决定是否光顾一个生意，例如餐馆（27%）；寻找信息解决一个正在进行中的争端问题（27%）；查看运动赛事的比分（23%）；查看实时（up-to-the-minute）的公交信息以选择最快速抵达目的地的方法（23%）。报告提出，"即刻用户"（just-in-time cell users）占全美成年人口的62%以上。

"微协调"成为将公众参与行动者还原到"地方化空间"的技术条件。虽然"微协调"更多地被人们运用在休闲、娱乐活动中，但我在实际的田野观察中也发现了公众参与行动中的"微协调"功能的创造性运用。而且，工信部的数据也有一些乐观的期待。根据工信部发布的数据显示，自 2007 年以来，无线通信的技术设施更加完善，包括中大型城市无线上网覆盖率增加、电信运营商网络资费调整，其中智能终端的普及是最为重要的一点。根据 CNNIC 第 33 次报告，2013 年内网民的网络接入行为渠道中，"公共场所"是唯一一个有增幅的渠道，分流了其他上网地点的接入数量，这一数据在 CNNIC 报告中呈小幅上升态势。

此外，既有的技术与社会议题下的很多研究仍然适用于移动传播领域，例如对于新兴科技的创新的采纳情况、对于新兴的信息技术带来的社会分层和知识沟的影响、手机和移动互联网的普及状况，在发展中国家的部分区域表现出"大跃进"（"leapfrog"）的态势，这些区域的用户没有经历互联网早期的发展与逐渐适应，直接进入无线与卫星科技阶段。学者因此假设，这类互联网的接触与使用模式与渐进式的模式有所区别，可能带来技术感知的"休克"、使用方式偏离"技术赋权"等后果。在此基础上，研究分析这种现象更为深层的原因是全球范围内经济发展、科技创新普及的结构性不平衡。相关批判与探索主要以中国、美国、拉丁美洲和非洲作为研究对象（Castells et al.，2006）。

（二）"赛尔媒体"的逻辑

在公众参与的理论和空间理论的对话中审视媒介研究，我提出"赛尔媒体"（Cell-Media）的概念来描述这样一种技术实在及其社会意义：

赛尔媒体指的是具有遍在性（Ubiquitous）、伴随性（Portable）的传播技术，以智能手机、平板电脑、可穿戴设备等接入互联网特别是社交媒体的使用作为其物质基础，以微协调（Micro-Cordination）和同时在场（Co-Presence）为其功能特征，对公众参与（特别是网络行动）的影响遵循特有的媒介逻辑，对公众行动的地方化空间（在场）、情境化空间和符号化空间层面的中介作用表现出不同的机制。

21 世纪的第二个十年间，微博、微信、微阅读、微小说、微（短）视频、微公益等移动应用及其承载的短小内容样态，以便携、个人化、碎片化、全天候的方式进入到公民生活中。移动即时通信发展迅速，与即时通信与手机通信的契合度高的特性是分不开的，更重要的是在社交需求上增加了信息分享、交流沟通、支付、金融等应用，工具的易用性是提升用户黏性的基础。因此，对于媒体特别是大众媒体运作的"媒介逻辑"的抽象概括，和"赛尔媒体"的逻辑之间，在分享共同的学术共同追问的同时，有着断裂式的区别。

第一，考察个体媒介使用的"移动度"（Mobility）实际上是考察媒介对现实生活的"渗透度"（Ubiquity），进而改变了个体的时空体验。目前中国大陆互联网市场巨头之一的腾讯拥有的聊天软件、QQ 游戏、微信社交工具等产品，其核心竞争力在于不断将社会行动者个体与移动互联网趋势适配。腾讯总裁马化腾对移动互联网技术的理解，并不是传统的互联网的移动化过程，而是一个崭新的技术逻辑："移动互联网……远远不是 PC（个人电脑）互联网的延伸，它甚至是一个颠覆。……人和设备之间、设备和设备之间的通信全部互相连接……一切都连接起来以后，还有很多的想象空间……"（马化腾，2014）微信没有"在线 / 离线"的概念，因为"赛尔媒体"形态如此深刻地嵌入人们的日常生活节奏当中，以至于它作为理论意义上的独立存在并未被意识到和察觉到。除了在空间上的无处不在，媒介还通过对时间的分割和操控，使得日常时间碎片化。在日常生活里，虽然电视的"黄金时段"不复存在，却出现了各种碎片化的"垃圾时段""睡前时段""吃饭时段"等。

第二，"赛尔媒体"的逻辑关注个体的包括政治生活在内的日常生活，以及其中个体的行动及其时空感受。对"人"而不是对"信息技术"的强调，是提出赛尔媒体这一概念更为重要的关照。一方面，手机移动通信技术的基础是移动蜂窝技术，蜂窝的每一个蜂房是一个细胞（Cell）式的存在，而移动蜂窝技术的英文表述也是 Cell；另一方面，住在这些"蜂房"里的个体——移动互联网媒介的原子化的使用者——在公众参与空间中的关系，也如同蜂巢中蜜蜂的关系，他们是磨灭个性的、相互独立的原子化个体，但在集体性任务指引下，他们也能够产生有机的联系，成为共同完成任务（进行公众参与）的"蜂群"。赛尔媒体不是一个独立的技术基础，它的存在是在原子化个体统一行动的过程中生成（come into being）的，而且能够在自我组织的过程中完成自我调试。

这种行动与信息技术的相互生成机制，是"赛尔媒体"逻辑的核心要义，这一互动机制所运作的时空感受也因此能够被公共行动者驯化。例如，威尔肯（Wilken，2008: 47）强调，移动媒体影响和塑造着空间和关于空间的感受，移动媒体的使用被"嵌入／整合"（integrated）到日常生活的流动中，这些新的议题需要更广泛的学术研究。在威尔肯的呼吁之下，谢勒等（Sheller & Urry，2003）从公共空间与私人空间的经典二分角度切入这一问题，探讨技术的移动化转向如何塑造着人类的空间经验与空间感知。移动互联网特别是移动近用社会化媒体如何塑造公益的参与体验，这种传播技术在何种程度上受到公众参与的塑造，是本研究关注的核心问题。

第三，赛尔媒体逻辑在学术问题和社会关怀上，与媒介理论和传播生态理论共享思考媒介与社会关系的学术兴趣。在这里，我们需要回溯到本章第一节梳理媒介化理论的过程中提及的两个学理渊源，即媒介理论和媒介生态理论。媒介理论的代表人物是英尼斯、麦克卢汉以及梅罗维茨。英尼斯与麦克卢汉都被"加拿大学派"或"北美学派"这样标签式的圈囿归纳模糊了二人思想中的明显差异。麦克卢汉是乐观的"电子至上"论调鼓吹者，认为口语文化是"热媒介"。与麦氏相比，英尼斯的采用"历史／经验"的研究路径显得更为冷静，在英尼斯看来，口语传统的力量在于它不会轻易被垄断，是"时间束缚的"（time-binding）媒介。他热切地希望自己的研究可以打破传播对现代知识的垄断，进一步恢复"足与舌"（the foot and the tongue）的政治威力。梅罗维茨在《消失的地域》中尝试在麦克卢汉和戈夫曼的理论中架起一座桥，来解释电子媒体对人的日常交往行为的影响。在对戈夫曼的拟剧理论进行改造的基础上，梅罗维茨提出"中台"和"侧台"的存在，来解释电子媒介如何消解和重构了人们对于空间和"在场交流"的行动方式（梅罗维茨，2002）。

对媒介技术自身逻辑的强调，走到极端就是基特勒所说的人性对机器主体性宰制的全面投降。德国媒介理论家弗里德里希·基特勒（Friedrich Kittler）被誉为"数字时代的德里达"。在其名作《留声机、电影和打字机》（Kittler，1999）中，基特勒总结道，留声机、打字机、电影等媒介非常擅长储存信息，储存的过程中技术必然将声音、图像、画面、文字等分割开来。逐渐地，媒介技术发展出来了自身的"信息逻辑"。2006年他有一次接受采访时说，互联网完全不能促进人类交流。"互联网的快速发展，更显著的影响不是帮助人类交流，而是把人们变成了技术的镜子。我们在调试自身以适应机器，而不是相反。"（Jeffries，2011）

（三）研究问题与研究框架

传播媒介是公众参与的工具性资源，还是形成公众参与组织的中介机制？不同时代的主流媒介形态和主导意识形态作用于这一主线又生出各具侧重点的研究焦点。本书沿袭媒介研究的学术脉络切入公众参与，主要致力于回应一个理论关怀、三个研究问题。

本研究探讨新兴的媒介技术与社会关系之间的扭合机制，这也是统领全书的核心理论关怀：移动互联网技术对社会关系带来了什么影响？更具体地来说，具有（随时随地的）遍在化、微协调、去中心、界面化等特征的新兴信息技术对社会关系的作用机制如何？其结构性结果是否有益于社会中层组织的发育？本书的第一章通过梳理这一理论关怀的几个脉络及其争论点，并引出本书具体希望回答的三个研究问题，分别从公众参与行动的微观、中观和宏观角度切入：

第一个问题涉及组成社会关系的基本单位，即公众参与行动者的个体行动层面表现为哪些类型，有什么特征？

第二个问题是，在社会关系（及社会资本）用于衡量公众参与行动的结构性结果方面，移动互联网中介的公众参与行动的自组织逻辑表现出什么特征？

第三个问题是，不同类型的社会关系生发的语境有差异，所以研究的第五章及第六章致力于分析，有利于构建社会有机体的社会权力关系理想型架构如何，实现的可能性如何、障碍是什么？也就是，在第三章和第四章中发现的行为特征与自组织逻辑的发生条件如何？

由此，全书的逻辑框架如图 1.1 所示。

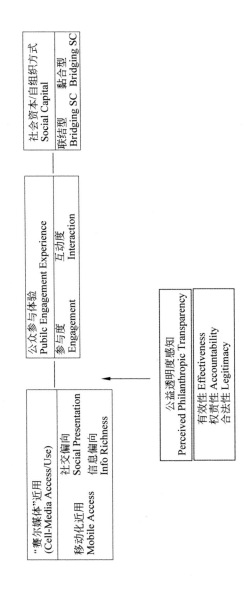

图 1.1　全书的逻辑框架

四、本章小结

　　媒介化和中介化的概念彰显了技术在传播和沟通行动中的过程化与制度化的关键角色。媒介化理论的核心是主张对沟通相关的技术进行适当的主体化和建制化，即在研究中必须处理与媒介形式和媒介实践有关的"惯习"。媒介化理论着眼宏观，建制化的思路必然演绎至"媒介逻辑"的概念，指的是与媒介打交道的时候必须尊重媒介的运作规则，既有的对公共行动和公益传播的研究主要集中在这一思路。但是建制化的媒介研究思路难以回应媒介中心主义的批判，对移动互联网环境下的很多新现象也缺乏解释力度。

　　相对的，中介化着眼微观和中观层面，在承认传播技术的物质属性（和由此伴生的地域空间实践）的基础上，主张辩证的传播逻辑。中介具有双重性质，它不仅包括工具，还包括个人和集体的行为；既包括组织性的物质层面，也包括物质性的组织层面。由于"中介"的概念因为具有空间面向而更具有包容性和解释力，在实证研究中主要采纳"中介化"思路来分析公众参与的组织和空间。

　　本章第二节主要对"公众参与"这一核心概念进行介绍。本书采纳俞可平（2008）对"公众参与"的定义：公众参与、公民参与等概念具有同样的含义，都指的是公民试图影响公共政策和公共生活的一切活动。网络行动是公众参与的典型形态。公众参与的行动模式可以概括为表达式的公众参与和行动式的公众参与两种类型。在赵鼎新"变迁——结构——话语"框架下，公众参与的组织理论包括心理学取向、资源取向、政治机会取向和符号话语取向四个类别。在即将展开的经验研究中，对公众参与的测量方式包括三个层面：行动层面、中观的自组织层面和宏观的政策及权利空间方面。其中，行动层面采用 CAST 理论中的参与度和互动度指标，中观层面的分析借用"社会资本"概念中的社会关系的测量题项，而宏观层面则引进了权责、效率和透明度变量。在此基础上我们综述了公众参与组织的几组困境。

第三节旨在提出整体的研究问题和研究框架。我们首先综述了近二十年来兴起的"移动传播"研究领域的主要议题，并在此基础上提出并论证了"赛尔媒体"的概念。移动传播领域的核心研究议题可以用同时在场（Co-Presence）、移动性（mobility）、遍在化（ubiquitous）以及微协调（Micro-Coordination）这四个关键词来概括。由此提出"赛尔媒体"（Cell-Media）的概念来描述这样一种技术实在及其社会意义：赛尔媒体指的是具有遍在性（Ubiquitous）、伴随性（Portable）的传播技术，以智能手机、平板电脑、可穿戴设备等接入互联网特别是社交媒体的使用作为其物质基础，以微协调（Micro-Cordination）和同时在场（Co-Presence）为其功能特征，对公众参与（特别是网络行动）的影响遵循特有的辩证传播逻辑，对公众行动的地方化空间（在场）、情境化空间和符号化空间层面的中介作用表现出不同的机制。

本章最后提出了整体研究逻辑框架，主要通过探索赛尔媒体近用方式、自组织逻辑、公众参与体验和公益效能感知度这几组变量之间的关系。这些关系可以归纳为中观的自组织逻辑、微观的行动逻辑和宏观的信息环境及政策权利空间这三个层面，分别对应本书接下来的第三、四、五章。

本章参考文献

德布雷.媒介学引论 [M].刘文玲译.北京:中国传媒大学出版社 [2000],2014.

侯钧生.论孔德的社会进步理论 [J].南开大学法政学院学术论丛,2001,(00):649~657.

凯瑞.作为文化的传播:"媒介与社会"论文集 [M].丁未译.北京:华夏出版社,2005.

罗家德,陈晓萍.组织社会资本的分类与测量 [M] // 陈晓萍.组织与管理研究的实证方法(第 2 版).北京:北京大学出版社,2012.

莫里斯,缪勒.社会运动理论的前沿领域 [M].刘能译.北京:北京大学出版社,2002.

麦奎尔.受众分析 [M].北京:中国人民大学出版社,2006.

马化腾.打败微信的会是什么 [EB/OL]."大资管工场"微信公众号,[2014-02-23].Https://mp.weixin.qq.com/s/6BwKSxhfz/a8QVgTroxj9Q.

莫利.传媒、现代性和科技:"新"的地理学 [M].郭大为译.北京:中国传媒大学出版社 [2006],2010.

梅罗维茨.消失的地域:电子媒介对社会行为的影响 [M].肖志军译.北京:清华大学出版社,2002.

潘忠党,陆晔.走向公共:新闻专业主义再出发 [J].国际新闻界,2017,39(10):91~124.

潘忠党."玩转我的 iPhone,搞掂我的世界!"——探讨新传媒技术应用中的"中介化"和"驯化" [J].苏州大学学报(哲学社会科学版),2014,35(4):153~162.

孙立平 等.动员与参与:第三部门募捐机制个案研究 [M].杭州:浙江人民出版社,1999.

唐士哲.重构媒介?"中介"与"媒介化"概念爬梳 [J].新闻学研究(中国台湾),2014,(10):1~39.

俞可平.公民参与民主政治的意义(代序)[M] // 贾西津(主编).中国公民参与——案例与模式.北京:社会科学文献出版社,2008,1~5.

曾繁旭. 表达的力量：当中国公益组织遇上媒体 [M]. 上海：上海三联书店,2012.

周翔, 李镓. 网络社会中的"媒介化"问题：理论、实践与展望 [J]. 国际新闻界,2017,39(4):137~154.

赵鼎新. 社会与政治运动讲义 [M]. 北京：社会科学文献出版社,2006.

中国互联网络研究中心 CNNIC. 第 41 次中国互联网络发展状况统计报告.
[2018-02-28]. http://www.cnnic.net.cn/hlwfzyj/hlwxzbg/hlwtjbg/201801/
P020180131509544165973.pdf.

Ahluwalia P, Varshney U, Koong K S, & Wei J. 2014. Ubiquitous, Mobile, Pervasive
and Wireless Information Systems: Current Research and Future Directions [J].
International Journal of Mobile Communications, 12(2), 103-141.

Altheide D L. 1995. An Ecology of Communication: Cultural Formats of Control [M].
New Brunswick, NJ: AldineTransaction.

Altheide D L, Snow R P [M] Media Logic [M]. Beverly Hills, CA: Sage.

Ang I. 1996. Living Room Wars [M]. England. London: Routledge.

Arnstein S.R. 1969. A Ladder of Citizen Participation[J]. Journal of the American
Planning Association, 35(4): 216-224.

Armstrong C B & Rubin A M. 1989. Talk Radio as Interpersonal Communication [J].
Journal of Communication, 39(2), 84-94.

Avery R K, Ellis D G, & Glover T W. 1978. Patterns of Communication on Talk Radio
[J]. Journal of Broadcasting, 22, 5-17.

Biocca F. 1998. Opposing Conceptions of the Audience: The Active and Passive
Hemispheres of Mass Communication Theory[C]. Annals of the International
Communication Association, 11(1): 51-80.

Baum H S. 1998. Ethical Behavior is Extraordinary Behavior; It's the Same as All Other
Behavior: A Case Study in Community Planning[J]. Journal of the American
Planning Association, 64(4): 411-423.

Baudrillard J. 1994.Simulacra and Simulations[M]. MI: University of Michigan Press.

Bennett W L, Segerberg A. 2012. The Logic of Connective Action[J]. Information,

Communication & Society, 15(5): 739-768.

Bimber B, Flanagin A, Stohl C. 2012. Collective Action in Organizations:Interaction and Engagement in an Era of Technological Change [M]. Cambridge: Cambridge Unliversity Press.

Blondheim M. 2003. Harold Adam Innis and His Bias of Communication[M] // Katz E, Peters J D, Liebes T, & Orlof A (Eds.), Canonic Texts in Media Research: Are There Any? Should There Be? How about These? London, UK: Polity, 156-190.

Blumer H. 1946. Elementary Collective Behavior [M] // Lee A M (ed.). New Outline of the Principle of Sociology. New York: Barnes & Noble, Inc.

Bohman J. 1996. Public Deliberation: Pluralism, Complexity, and Democracy[M]. Cambridge, MA: MIT Press.

Bryant J, Beth M O. 2009. Media Effects: Advances in Theory and Research, 3rd edition [M]. New York: Routledge. 2009.

Castells M, Fernández-Ardèvol M, Qiu J L & Sey A. 2006. Mobile Communication and Society: A Global Perspective[M]. Cambridge: MIT Press.

Cohen J. 1989. Deliberation and Democratic Legitimacy[M] // Hamlin A & Pettit P (Eds.), The Good Polity: Normative Analysis of the State. Oxford: Basil Blackwell, 17-34.

Connolly T, Thorn B K. 1990. 10. Discretionary Databases: Theory, Data, and Implications[J]. Organizations and Communication Technology, 219.

Couldry N. 2000. The Place of Media Power [M]. London: Routledge.

Crosby N, Kelly J M & Schaefer P. 1986. Citizen Panels: A New Approach to Citizen Participation[J]. Public Administration Review, March/April: 170-178.

Davidoff P. 1965. Advocacy and Pluralism in Planning[J]. Journal of the American Institute of Planners, 31(4): 103-115.

Day D. 1997. Citizen Participation in the Planning Process: An Essentially Contested Concept[J]. Journal of Planning Literature, 11(3): 421-434.

Denhardt R B & Denhardt J V. 2000. The New Public Service: Serving Rather Than

Steering [J]. Public Administration Review, 60(6): 549-559.

Finn S. 1997. Origins of Media Exposure: Linking Personality Traits to TV, Radio, Print, and Film Use[J]. Communication Research, (24): 507-529.

Flaherty L M, Pearce K J, & Rubin R B. 1998. Internet and Face-to-face Communication: Not Functional Alternatives[J]. Communication Quarterly, (46): 250-268.

Gitelman L. 2006. Always Already New[M]. Cambridge, MS: The MIT Press.

Grossberg L. 1995. Cultural Studies Versus Political Economy: Is Anyone Else Bored With This Debate? [J]. Critical Studies in Mass Communication, 12(1): 72-81.

Gruber J. 1987. Controlling Bureaucracies: Dilemmas in Democratic Governance[M]. Berkeley, CA: University of California Press.

Hardin R. 1982. Collective Action: A Book from Resources for the Future [M]. Baltimore: John Hopkins University Press.

Habermas J. 1989. The Structural Transformation of the Public Sphere: An Inquiry into a Category of a Bourgeois Society[M]. Lawrence F (Eds.). Cambridge, MA: MIT Press.

Hibbard M & Lurie S. 2000. Saving Land But Losing Ground: Challenges to Community Planning in An Era of Participation[J]. Journal of Planning Education and Research, (20) :187-195.

Hjarvard S. 2008. The Mediatization of Religion: A Theory of the Media as Agents of Religious Change [J]. Northern Lights: Film & Media Studies Yearbook, 6 (1): 9-26.

Hjarvard S. 2013. The Mediatization of Culture and Society[M]. London: Routledge.

Innis H. 1972. Empire and Communication [M]. Toronto, CA: University of Toronto Press.

Innes J E, Booher D E. 2004. Reframing Public Participation: Strategies for the 21st Century [J]. Planning Theory & Practice, 5(4):419-426.

ITU. 2017. International Telecommunications Union 2017 Report.[2018-02-26]. https://www.itu.int/en/ITU-D/Statistics/Documents/facts/ICTFactsFigures2017.pdf.

Ito M, Okabe D, Matsuda M,(eds). 2005. Personal, Portable, Pedestrian: Mobile Phones in Japanese Life[M]. Cambridge: The MIT Press.

Jeffries S. 2011. Friedrich Kittler Obituary[N]. 2011-05-11[2017-03-26]. https://www. theguardian.com/books/2011/oct/21/friedrich-kittler.

Jenkins H. 2004, The Cultural Logic of Media Convergence [J]. International Journal of Cultural Stualies, 7(1): 33-43.

Jensen K B. 2013. Definitive and Sensitizing Conceptualizations of Mediatization [J]. Communication Theory, 23(3), 203-222.

Katz J E, Aakhus A M. 2002. Perpetual Contact: Mobile Communication, Private Talk, Public Performance[M]. Cambrideg: Cambridge University Press.

Katz J E, Castells M. 2008. Handbook of Mobile Communication Studies[M]. London: The MIT Press.

King C S, Feltey K M &Susel B O. 1998. The Question of Participation: toward Authentic Participation in Public Administration[J]. Public Administration Review, 58(4): 317-326.

Kittler F. 1999. Gramophone, Film, Typewriter[M]. Stanford University Press.

Lazarsfeld P, Merton R. 1969. Mass Communication, Popular Taste and Organised Social Action [M] // Schramm W(Ed.). Mass Communications (2nd ed.). Urbana, IL: University of Illinois Press, [1948].

LeBon G. 1982[1895]. The Crowd: A Study of the Popular Mind[M]. Atlanta, Georgia: Cherokee Publishing Company.

Levinson P. 1999. Digital McLuhan[M]. New York, NY: Routledge.

Lewis J. 1991. The Ideological Octopus[M]. London: Routledge.

Law P, Peng Y. 2008. Mobile Networks: Migrant Workers in Southern China[M] // Katz J E, Castells M. Handbook of Mobile Communication Studies[M]. London: The MIT Press.

Manin B. 1987. On Legitimacy and Political Deliberation[J]. Political Theory,15: 338-368.

Marvin C. 1988. When Old Technologies Were New: Thinking about Electric Communication in the Late Nineteenth Century[M]. New York, NY: Oxford University Press.

Marwell G & Oliver P. 1993. The Critical Mass in Collective Action[M]. Cambridge: Cambridge University Press.

McAdam D, Tarrow S, Tilly C. 2003. Dynamics of Contention [J]. Social Movement Studies, 2(1): 99-102.

McCarthy J D, Zald M N. 1977. Resource Mobilization and Social Movements: A Partial Theory[J]. American Journal of Sociology, 82(6): 1212-1241.

McLuhan M. 1962. The Gutenberg Galaxy: The Making of Typographic Man [M]. Toronto: University of Toronto Press.

McQuail D. 2005. McQuail's Mass Communication Theory[M]. London: Sage.

Morley D. 1998. So-called Cultural Studies: Dead Ends and Reinvented Wheels[J]. Cultural Studies, 12(4): 467-497.

Olson M. 1965. The Logic of Collective Action: Public Goods and the Theory of Groups[M]. Cambridge, MA: Cambridge University Press.

Paxton P. 1999. Is Social Capital Declining in the United States? A Multiple Indicator Assessment [J]. American Journal of Sociology, 105(1), 88-127.

Pew Research Internet Center. 2012. Pew Research Report [R]. [2013-06-23].http://www.pewinternet.org/2012/05/07/just-in-time-information-through-mobile-connections/.

Putnam. R. 2001. Bowling Alone: The Collapse and Revival of American Community [M]. New York: Simon & Schuster.

Ryfe D M. 2005. Does Deliberative Democracy Work?[J]. Annual Review of Political Science, 8(1): 49-71.

Sheller M, &Urry J. 2003. Mobile transformations of Public and Private Life [J]. Theory, Culture & Society, 20(3):107-125.

Schumpeter J. 1942. Capitalism, Socialism, and Democracy[M]. New York: Harper Brother.

Silverstone R. 2002. Complicity and Collusion in the Mediation of Everyday Life [J]. New Literary History, 33(4): 761-780.

Smelser N J. 1971. Theory of Collective Behavior[M]. New York:The Free Press.

Smith A. 2013. Civic Engagement in the Digital Age [R]. Pew Research Center, 25, 307-332.

Tarrow S. 2005. The New Transnational Activism [M]. Cambridge: Cambridge Unirersity Press.

Tilly C. 1978. Collective Violence in European Perspective[R]. Center for Research on Social Organization, University of Michigan.

Thomas J C. 1995. Public Participation in Public Decisions: New Skills and Strategies for Public Managers[M]. San Francisco: Jossey Bass Publishers.

Thompson J B. 1995. The Media and Modernity: A Social Theory of the Media[M]. Stanford, CA: Stanford University Press.

Umemoto K. 2001. Walking in Another's Shoes: Epistemological Challenges in Participatory planning[J]. Journal of Planning Education and Research, (21): 17-31.

van Loon J. 2008. Media Technology: Critical Perspectives[M]. Berkshire, UK: Open University Press.

Williams R. 1975. Television: Technology and Cultural Form [M]. New York: Schocken.

Wilken R. 2008. Mobilizing Place: Mobile Media, Peripatetics, and the Renegotiation of Urban Places [J]. Journal of Urban Technology, 15(3): 39-55.

第二章 公益与慈善：温和改良社会的公众参与

　　　　新的公益模式不停留在"授人以鱼"，也不满足于"授人以渔"，而是要掀起一场"渔业革命"。

——比尔·德雷顿（Bill Drayton）

　　中国社会科学院美国问题研究专家资中筠所著的《财富的责任与资本主义演变》通过考察美国的公益非营利组织、基金会以及公益创新企业的发展历史与现状，判断公益事业是资本主义自我救赎的自发机制。这种被她称作"新公益"的现象，以追求影响力为目标，采用营利与非营利混合的公益模式，其小额信贷可以算作是基于"新公益"理念的创举（资中筠，2015：1）。新公益的含义远远超过了伴随微博兴起以来被国内热炒的"微公益"的范畴。资中筠在她的著述中引用了公益创业投资人比尔·德雷顿对"新公益"的理解：是超越简单施舍的"授人以鱼"，也不停留在目前以盖茨基金会为代表追求的"授人以渔"，而是跳脱所有的既有框架限定，兼收并蓄地纳入公司管理和资本运作，雄心勃勃地要改造资本主义。这种更为宏大的"渔业革命",如果没有广泛的公众参与,是不可能实现的。

在第二章中,我们重点解释为何、以及如何将公益和慈善活动作为公众参与的经验对象进行研究。第一节讲"为何",要了解公益和慈善为什么是公众参与的代表形态,需要首先了解这一经验现象的历史和组织影响因素。第二节讲"怎么做",也就是具体研究的设计和执行。

一、公益与慈善

为正本清源,先咬文嚼字。我们在大众媒体报道和各类颁奖中经常听到的"慈善排行榜""慈善企业""福布斯慈善榜"中的"慈善",在英文中常常对应两个单词:Philanthropy 和 Charity,其含义有所重叠,也有所区别。两者都指出自爱心而帮助有需要的人,不过慈善(Charity)的原意是指基督之爱,在行动上表现为以宽厚仁慈之心乐善好施。公益(Philanthropy)的拉丁语词根所指的意思是"爱人类",隐含了促进社会福祉的意义,因此相较于 Charity 而言所指的范围更广、社会性更强,更注重长远的效果。如此说来,在微博上捐款 3 元帮助山区小孩吃一顿"免费午餐"是一种慈善行为,如果把这种爱心行为组织化、制度化、平台化,那就成为一项公益活动。

公益与慈善都是对于利他的、志愿的行为的描述。非营利组织、非政府组织和第三部门都是对从事公益事业的组织的描述,其中非营利组织和非政府组织都是对第三部门的某一方面特征的强调。

（一）公益 / 慈善等基本概念辨析

1. 公益（Philanthropy）

公益是指为了公共的利益而开展的行动，包括倡导公益精神、参与志愿者活动、捐赠物资等多种方式。首先，公益相对于"私益"而言。由于私益是为了满足个人的、企业的或者利益集团的利益，多指市场行为和经济利益，所以强调公益区别于私益的特征时也将公益组织称作非营利部门。其次，对于"公共"的范围界定存在纷争，本书取"相应社会共同体全体成员或大多数成员的利益，而不是个别成员或少数成员的利益"之意，这也是目前被广泛承认的判断公益的标准。这一说法中暗含了将"人类共同体"作为公益的目标，公益一般不局限于某一地区、国家或党派。公益还强调参与者的"志愿"特征，以区别于以"强制"的方式实现公共利益的行为。

2. 慈善（Charity）

慈善是公益的一种表现方式，在中国传统文化中可简单等同于"乐善好施"。慈善与公益的区别有：公益内涵广泛，包括公益精神与行动，而慈善多指捐赠、救助等行动；慈善的对象多是弱势群体、受难者，而广义的公益没有特定的范围局限，小到拾金不昧，大到宣扬绿色环保都可以囊括其中。

3. 第三部门（The Third Sector）

大量从事政府和私营企业"不愿做、做不好、或不常做"的事务的社会组织，在传统的"公"与"私"的粗犷式划分中被忽略。美国学者莱维特（Levitt，1973）首先将这一类组织统称为"第三部门"，在美国学术界讨论中也常等同于"独立部门"（independent sector）。除此之外，志愿者组织（voluntary sector）、非政府组织（Non-government Organizations）、非营利组织（Non-Profitable Organizations）、公民社会（civil society）等概念均与第三部门大同小异，区别在于对组织性质描述时强调的侧重点不同。

美国约翰·霍普金斯大学的非营利组织比较研究中心提出了"结构—运作定义"，阐述了第三部门组织的五个特征：一是组织性，非正式的、临时的、随意的聚会不能称作第三部门；二是民间性，体制上独立于政府；三是非营利性，组织获得的利润不能分配给所有者和管理者；四是自治性，各组织自我管理，不受制于其他部门或组织；五是志愿性，捐款、服务等公益活动是以志愿而非强制为基础的。"结构—运作定义"的包容性强，易于操作。但是，随着草根媒介中介的公益活动的不断发展，大部分民间公益活动呈现出非正式、临时、便捷随意性等特征，因此该定义在分析本研究关注的问题时显示出历史局限性。

4. 非营利组织（NPO）

NPO 概念强调组织不以营利为目的，但并不排除大多非营利组织具备营利的能力，因为财报显示其收入大于支出。联合国的国民收入统计系统依据资金来源，将经济活动单位划分为金融机构、政府、非营利组织和家庭。非营利组织的收入主要来源于其成员交纳的会费和支持者的捐款，而非以市场价格出售的商品和服务。

此概念用在研究中有两个棘手的问题：一是资金"主要"来源的陈述难以实际测量，在多大比例上收入来源于营利活动即为非营利？二是公益活动的实现过程与目的不易区分。例如 2011 年广州梁树新发起的"铅笔换校舍"活动，在网上将贫苦山区儿童的铅笔进行拍卖，筹款用于修建校舍。此公益接力在拍卖环节不断累积利润，但最终所有善款都用于公益行动。另外，非营利组织的操作化受到数据不公开的困扰而难以落实。

5. 非政府组织（NGO）

非政府组织的定义及其所划定的范围一直处于变动中。最初，NGO专指受国际联盟（League of Nations）或联合国承认的国际性非政府组织。后来发达国家中以促进第三世界发展为目的的组织也被包括其中。当下，NGO主要用来描述发展中国家里以促进经济、社会发展为责任的组织。从概念外延来讲，NGO只是"第三部门"很小的一部分。在中国，1995年北京召开第四届世界妇女大会并把"非政府组织国际论坛"这一新鲜事物带入了中国（秦晖，1999）。

赵秀梅（2004）发现，在世纪之交，中国的NGO组织得到了迅速的发展，NGO组织在利用国家控制的资源、影响政府决策等方面的策略性行动，与国家之间已经形成了一个广泛的互动区域，形成一个独立于国家的社会自治领域。

6. 基金会（Foundations）

美国基金会中心对"公益基金会"的正式定义是：非政府的、非营利的、自有资金（通常来自单一的个人、家庭或公司）并自设董事会管理工作规划的组织，通过对其他非营利机构的赞助，实现支持或援助教育、社会、慈善、宗教或其他活动以服务于公共福利的目的。例如美国元老级别的洛克菲勒基金会，资产超过33亿美元。基金会无疑是公益活动最为重要的组织形态之一。

（二）中国公益发展的大历史

中国公益事业的发展与体制环境、文化背景和技术条件息息相关。这里借用黄仁宇"大历史"（macro-history）的思路粗略勾勒出中国公益事业的历史，旨在将各阶段各类型的公益模式的核心特点通过逻辑框架组织起来，对细节和特殊之处忽略不计。正如黄仁宇所说："宏观与微观亦不过放宽视界与计之精微之不同。改称大小，转用于历史，显系模仿而非发明。"（黄仁宇，1997）

通过文献整理，本书总结出政府主导、市场参与以及草根自发三个阶段，并阐述各阶段的体制背景、传播主体及渠道。

孙立平等（1999）《动员与参与》一书以"希望工程"作为个案开展研究，他发现中国的公益（等同于第三部门）的发展嵌入了中国转型期体制变迁，其政治社会条件可概括为由"总体性社会"向"后总体性社会"的过渡。中国在总体性社会阶段表现为"强国家—弱社会"关系，国家垄断着绝大部分的稀缺资源和结构性的活动空间，在这种垄断和配置格局中形成了个体对于国家的高度依附性（孙立平等，1999：7-8）。随着改革开放特别是市场经济的发展，在"后总体性社会"中出现了"自由流动的资源"和"自由活动的空间"，社会成为一个与国家并列的、相对独立地提供资源和机会的源泉，为公益事业提供了生存空间。

从"总体性社会"到"后总体性社会"的过渡，不仅为民间公益事业和民间社团的形成和发展提供了可能性，同时也决定着其发展的特点。这种起决定性的模塑作用主要是通过组织赖以存在的资源在社会中的配置状况而实现的（孙立平，1999：19）。

因此，整体而言，"后总体性社会"构成了这些民间或准民间社团发展的社会背景。"国家垄断资源经历了一种再分配的过程……同时市场化改革带动了政治体制和政府职能的变化，使一些原来由国家控制的社会空间归还社会。正因如此，民间公益事业获得了空前的发展"。（孙立平，1999：21）

秦晖（1999）在《政府与企业以外的现代化》一书中对中西公益事业的历史进行了比较研究。在他的考察中，满足公共利益的活动和部门自古有之，中外皆然。然而，在中国，古代社会中的公益的"公"偏向为滕尼斯所讲的"小共同体"的状况，小共同体是自然形成的聚会，例如部落或传统乡村，它们"通过口头传播来传递器文化内容"（秦晖，1999：14）。然而在现代化的进程中，公益的范围是"大共同体"。值得注意的是，秦晖认为大共同体并非自然形成，但却具有比小共同体更加压抑个性的力量（秦晖，1999：15）。这一过程作为公益活动的社会背景，也可以被理解为是公益及其身处其中的社会追寻现代化的过程。

市场与经济的力量不断侵蚀公益组织的"志愿性"和"非营利性"特性，实际上目前为止并不存在绝对意义上的既"非政府"又"非市场"的公益组织和公益活动，甚至许多在中国环境中谋求发展的公益组织主动地、积极地与政府及其主导的媒体形成合作，或嵌入既有的行政框架以求得更灵活的发展空间。在西方同样如此，公益组织和活动在西方国家不断发展的过程中，出现了"志愿失灵"和"公益软化"的现象。克雷默（Kramer，1989）指出，公益活动对政府扶植的依赖不断增加；学者韦斯布罗德（Weisbrod，1998）也指出了在市场环境中"非营利组织商业化"的过程导致其追求利润。

草根主导的公益所产生的社会状况兼具现代性社会和后现代社会的特征，在长久以来以政府和市场为主导的环境中争取到不断松动的空间。近年来随着互联网技术的创新应用，各种类型的社交媒体平台不断拓宽公益信息传递和公众表达的空间，这个过程是否松动了国家—社会之间的关系，是否孕育了强国家与强社会的共同出现的可能性，还有待历史检验。

综上所述，笔者将几种公益模式及其生发的社会状况、媒介平台归纳为表 2.1。值得注意的是，三种类型的公益阶段并非相互取代的关系，而是不断叠加的关系，在不同的社会权利分配机制下存在着并存博弈。

在第三阶段，由于公众自发组织和参与的、以自媒体为主要沟通平台的、以慈善活动为主要形式的公益大量出现，即所谓"微公益"的新兴公益样态出现，得到超过其自身历史价值的学术关注。

表 2.1　中国公益发展的大历史

	社会状况	传播主体	传播媒介	国家—社会关系
政府主导公益	总体性社会	政府、行政命令	主流媒体为主	强国家—弱社会
市场参与公益	现代性社会	政府、企业	市场媒体参与	强国家—弱社会
草根主导公益	后现代社会	公知、公民	自媒体参与	（强）国家—强社会

（三）公益动员的影响因素

公益是一种具有广纳性的公众参与形式。从表 2.1 中国家与社会关系的梳理可以看到，公益以造福整体人类福祉的功能定位，成为在国家和社会空间中被根本接纳的事业。不过在威权主义政体之下，政权主体可以包容以个体姿态普遍存在的乐善好施，但一旦形成具有长期目标诉求的、组织化运作的社会单位，就会被纳入监视范围之内。因此，公益动员和组织是最为核心的问题。考察公益动员的影响因素，我们可以依循两条路径：一是公益传播的路径；二是公益组织的路径。

1. 媒体与公益参与

简单来说，公益传播就是公益信息的传播。从效果研究的视角来看，公益传播考察公益信息的传播者的特征，传播媒介和传播符号的使用，传播导致的认知、态度、行为方面的效果，制约公益传播的环境，以及上述要素之间的互动机制。从"仪式"（Carey，1989）的视角来看，公益传播也要考察维持公益信息存在和流动的社会生态，考察公益的符号、观念、意识形态得以生产和再生产的政治、经济、文化和社会条件，从传播社会体制变迁、国家与社会的关系、全球化的影响、公民社会等角度对公益活动进行分析。

目前，"公益传播"的探讨多有意识或无意识地从拉斯韦尔提出的经典线性"5W"中的某几个要素来进行界定和分析。例如，马晓荔等（2005）从公益传播的内容（what）来阐述，认为公益传播是"指具有公益成分、以社会公众利益为出发点，关注、理解、支持、参与和推动公益行动、公益事业，推动文化事业发展和社会进步的非营利性传播活动，如公益广告、公益新闻、公益网站、公益活动、公益项目工程、公益捐赠等"。再例如，王炎龙等（2009）通过公益传播的参与主体（who）来划分，总结出企业、政府、组织和个人是公益传播的四维框架。除此之外，王颖（2010）、赵华（2012）等人均采用线性模式探讨公益传播的特征。这些研究的思路基本都停留在案例归纳的基础上梳理规律、发现不足并提出改善建议的层面上。

经典"5W"线性模式尽管有许多局限，但其有助于对公益传播的各个要素及现有研究做出梳理。

第一是公益传播的内容（What）。公益传播的内容包括公益精神（公益的意识、公益的理念）、公益实践/参与（公益的个体行为、公益的群体行动）、政策倡导（探讨体制、诉诸变革）等多个方面。

在公众参与的框架中，公益传播的内容就是群体行动动员的内容，包括对应上述所陈述的动员的目的的三个方面，即公益精神的传播、公益参与的情况的报告，以及政策修订的推动。

从公益项目专业化的角度来分析，公益传播的内容包括：①公益透明度的披露，具体内容包括公益项目发起人的真实意图是否公开且公正，公益项目的财务信息、人事任免信息等是否公开透明等方面；②有效性（Efficacy），即公益是否能够有效地实现自己的公益目标，解决当前最受关注的社会问题；③权责性（Accountability），即公益活动的参与者是否能够对受助对象负责，公益项目能否建立在双方平等地位的基础上；④合法性（Legitimacy），指公益项目是否具备处理某些社会问题的能力和资质，在中国合法性的衡量标准之一是是否取得现有公益管理体制中的合法资格，即是否在民政部注册以获取资质。

上述公益传播的内容中，透明度受到广泛关注。2011 年郭美美事件爆出红十字会信任危机以来，信息披露成为中国公益活动开展最为棘手、也是最受重视的问题。弗鲁姆金（Frumkin，2006）专注研究公益的发展，他总结的公益专业化的三个重要方面分别是有效性（Efficacy）、权责性（Accountability）和合法性（Legitimacy）。

总的来说，在赛尔媒体的环境中，上述的公益传播内容实际上也是在"人人对人人"的公益传播平台上开展的针对公益活动的"公共监督"的四个方面。

第二是公益传播的主体（Who）。根据搜集到的经验资料观察，公益传播的主体（即公益信息的主要传播者）包括行政组织或机构、公益组织、利益组织、大众媒体、群体和个人。

学者一般将公益组织分为三类：官办公益组织（GONGO）、草根公益组织（Grass-root NGO）和国际公益组织（INGO）。王炎龙等（2009）提出"公益传播的四维框架"，将公益传播置于公民社会逐渐形成的现实环境之中，以传播主体为切入点，形成"媒体公益传播""企业公益营销""政府公益管理""民众公益参与"四个考量维度。作者在分析基础上探讨我国公民社会构建中四个维度如何统筹。

第三是公益传播的受众（to whom），也就是公益活动的潜在参与者。从广义上看，公益传播的受众可以是任何接触公益信息的个体和组织。若采取社会动员的视角从微观层面来看，公益传播的受众可以等同于潜在的公益活动的参与者。卡拉汉（Callahan，2007）按照民众对于公共事件议题的反应，将民众划分为五种类型：行动的公众（active public）、唤起的公众（aroused public）、察觉的公众（aware public）、不行动公众（inactive public）和非公众（Non-public）。也有文献将公益行动的参与者划分为个体—市场主体（消费者）、权利主体、行为主体等。公益传播的受众可以等同于公益活动的潜在参与者，这里蕴含的一个假设是在公益传播中，受众在认知和态度（精神层面）以及行为（参与层面）方面都有可能发生变化。

第四是公益传播的渠道（which channel）。按照媒介研究的思路，公益传播的渠道可以粗略划分为意媒和质媒两个方面，意媒包括声音、文字和图像，质媒则根据公益传播本身具有的特点可以划分为政府文件、传统大众媒体和自媒体三个方面——政府批示或行政单位文件；传统大众媒体如报纸、广播、电视、期刊、海报、传统媒体的官方网站；自媒体（we media）包括论坛、博客、社交媒体等。其中自媒体是本研究的一个重点和难点，也是目前文献中的一个空白点所在。在意媒和质媒两个方面都分别有局部的、细分的研究。例如，意媒方面的文献集中于对文本的图像的分析，在社会运动理论中专有一脉学者被称为"文本决定论"者，对社会运动中采用的行动资源库、动员文本等进行研究。例如，对于"希望工程"的大眼睛女孩的解读，诉诸"悲情"的文本对公益参与者的动员效果研究。

将公益传播的渠道作为公益传播的主体，其本质是将传媒视作一种"建制化"的社会机构，考察公益传播实践与传媒实践的互动关系。曾繁旭（2012）在其作品《表达的力量：当中国公益组织遇上媒体》中，提出公益组织与媒体之间存在的"协同互动"关系，主要表现为对设定媒介议题及框架的博弈。深究其中本质含义，同样会引起"维护既有社会秩序"（吉特林，2007）的担忧。

除了以媒体为出发点进行划分外，也有以不同公益组织作为梳理媒介策略的研究进路。不同类型的公益组织表现出不同的媒体动员模式。公益组织在获得媒体资源和设计公关策略时，受到组织制度化程度、经济实力和文化资本等因素的制约（Schlesinger，1989）。曾繁旭（2012）总结了中国各类公益组织的媒体动员模式，分别为：草根公益组织采用个人网络化动员模式，因为如"自然之友"等草根公益组织的社会认同度较高，在中国与媒体有天然的共生关系，记者、公知、意见领袖成为组织的文化资本；国际公益组织采用职业化动员，因为如"绿色和平"之类的公益组织媒介经验丰富，财务状况良好，因此呈现出高度专业化的特色。

2. 宗教与公益参与

在中国，经验数据表明宗教信仰与公益参与意愿之间呈正相关关系，但是传统宗教观念和参与公益活动之间的关系不显著。这一关系虽未得到统计数据的验证，但是却有在个案分析层面观察到宗教对公益参与促进作用。李若木等（2012）截取宗教性的宗教信仰、宗教实践和宗教观念三个方面探索宗教与公益活动参与之间的相关关系。他们对 2007 年居民精神生活调查数据进行分析，发现那些自我宣称相信宗教的人更可能参与公益活动，尤其是道教和基督教。在宗教实践方面，参与宗教实践的人群和那些未参与的人相比加入公益活动的可能性更大；然而，中国宗教信仰与宗教实践并不具备一致性。

在精神层面，长久以来中国人习惯于实用主义的、日常化和世俗化的宗教，在世俗和神圣之间并没有明显的界限（柯文，2015：106~109）。在组织层面，定期祷告的习惯没有普及，公益行动也不可能以教堂、寺庙为基本组织架构来开展。

宗教的动员作用诉诸情感，宗教性狂人为组织动员提供了集体心理的基础。马克思（1961）说："宗教是这个世界的总理论，是它的包罗万象的纲要，它的具有通俗形式的逻辑，它的唯灵论的冗余问题，它的狂热，它的道德约束，它的庄严，它介意求得慰藉和变化的总根据。"

宗教的一个潜在的影响是提供了组织形式：规律化的教堂聚会，既为慈善发展为协同的公益行动提供了基础的社区组织形式，又创造了良好的氛围，而且成为公民社会发展的基础。实际上，宗教信仰和宗教实践场所及组织方式，是中西的社会结构和文化的一个根本性差异。以中美两国对比来分析，可以发现两国情况迥异。首先，美国的社会福利是发端于民间工艺的，而中国在逐渐发展过程中由政府承担起主要责任。其次，美国的主要财力在民间，而中国主要在政府。再次，美国结社是不成问题的，政府要管理的只是涉及税务的部分，所以公益组织归税务部门来管理；而中国则没有完全独立的民间社团，对社会团体的管理首先是从政治上考虑的。最后，最为重要的是，美国是成熟的公民社会，每一个人都认为自己是国家的主人，遇到问题习惯于依靠自己的力量，而不是依赖政府来解决，特别是那些认为自己是幸运儿的富人，以热爱美国社会为初心，以改良社会为己任（资中筠，2015：4）。

教区、教堂、教会活动被帕特南看作是社会资本的基础组织，被哈贝马斯纳入公共空间的考量范畴，被科恩豪泽看作是"中层组织"的一种形态。例如，普林斯顿大学社会学教授埃文斯（Evans，1997）的研究分析了1967—1992年的宗教团体的社会动员后发现，宗教团体的组织动员框架的打造，主要还是针对那些潜在的行动者，比如日常参加祷告活动的教徒，而不是精英决策者、对手或者媒体。

总结起来，宗教对公益参与的促进作用体现在精神信仰和组织基础两个方面。而对组织基础的研究则是该领域的一个空白。邢婷婷（2013）运用比较个案的研究方法考察公益组织的宗教背景如何影响组织有效性，发现如果宗教作为组织文化介入了组织目标的设定、工作内容的设置，它们会影响到组织的有效性；如果组织文化中尽管包含着宗教因素，但它只是一种抽象的价值理念，就不会影响组织的有效性；如果组织中成员的宗教信仰只是个人的私事，而与组织日常工作的开展无关，那么它也不会影响组织的有效性。总结起来，中国政府在宗教上的态度导致了宗教的角色逻辑包含着"公共面孔"和"精神支持"两条并行的线索，为组织的生存和发展提供了策略和空间。

3. 社会资本与公益参与

实践改革家哈尼芬（Hanifan，1916）是美国弗吉尼亚州的一位乡村学校督查，他最早提出"社会资本"以阐述参与社会活动的必要性。他认为，"人们日常生活中应用广泛的无形物质，例如良好的愿望、朋友情谊、同情心、个人和家庭间的社交关系……扩展开来，形成社会资本的积累，既可以满足个人的社会需求，也会在社区层面创造出更加舒适的生活环境"。在他参与其中的农村社区实践改革中，人们通过"社会资本"来提升创新能力、教育水平、道德水准和经济状况。哈尼芬在论文中记录了这一系列改革活动，并首次提出"社会资本"理念（帕特南，2011：7~8）在这一阶段的论述中，社会资本是社会生活中广泛存在的"无形物质"，社会资本是公众参与的结果。

经济学家劳里（Loury，1977）认为社会资本是家庭内部或社区内部的特殊资源，这项资源对儿童及青年的人力资本发展起关键作用。在此基础上，伯特（Burt，1992）指出青年进入职场场域的过程携带了财务资本、人力资本和社会资本。

法国社会学者布迪厄（Bourdieu，1977）从社会系统整体的视角出发对"社会资本"进行阐述，其定义强调"连带"（tie），即社会联系的重要性。社会资本是个人或团体拥有的社会连带的总和。社会资本的取得是以连带的建立和维持为基础的，取得的方式包括从事社交活动、寻找维持共同兴趣，等等。布迪厄（Bourdieu，1986: 248）还提出两个阐释社会资本的方面：社会资本是个人或群体社会连带的总和；社会资本源于连带的建立、维持和资源交换。

科尔曼（Coleman，1990）在《社会理论的基础》（*Foundations of Social Theory*）中，从功能的角度对社会资本进行界定，社会资本"不是一个单独的实体，而是多种实体，但具有以下两个共同特征：它们由社会结构的某些方面所组成，而且它们有利于处于结构之中的个人的特定行动"（Coleman，1990:302）。"……当人们之间的联系发生了有利于行动的变化时，社会资本就产生了"（Coleman，1990:304）。从科尔曼对社会资本的定义可以推断，首先，他对社会资本囊括范围从制度化组织有所扩大，将非制度化的社会连带包括到社会资本的考察范围中；而本研究所关注的民间公益项目，正是在这一非制度化的层面上考察公众参与者的社会连带、关系结构和由此产生的行动。其次，社会资本表现为社会结构（social structure）的"某些方面"（some aspects），是有助于"特定行动"的社会连带。最后，连带产生行动，行动带来资源（罗家德，2008: 360）。

宏观社会资本（macro-level social capital）重点考察社会系统中的领导、组织、规范、文化等因子如何相互作用，并且对社会实体及实体间的联系方式、网络内部的资源创造产生影响（Adler & Kwon，2002）。中观社会资本（meso-level social capital）关注网络的结构，包括网络中个体的位置和网络集体的形态。伯特（Burt，1992）的"结构洞"理论可作为中观层面的一个案例。微观社会资本（micro-level social capital）关注个体的社会连带，考察网络中个体连带产生的知识传递（Nahapiet & Ghoshal，1998）和信息交换（Granovetter，1973）。以上的分类标准是研究对象的层次，而边燕杰（Bian，2002）依据研究方法将社会资本分为网络成员法（the network membership approach）、网络结构法（the network structure approach）和网络陷入资源法（the network-embedded resource approach）三个切入口。

社会资本的测量最常引用的是纳哈皮耶特和戈萨尔（Nahapiet & Ghoshal，1998）的划分，包括结构、认知（共有编码、共有语言、共有叙事）和关系（信任、规范、认同、义务）三个部分。认知层面的社会资本可追溯到布迪厄的《区隔》（Bourdieu，1984）一书，他提出，人们在文化产品的消费过程中，群体共享的生活经验、共有的语言表达会塑造出这群人的品位（taste）。品位是个人对社会结构的感觉，也是社会结构的外显的表达方式。品位的形成是一个复杂的社会化过程，是历史与社会的长期建构，包含了对某些社会资源、某些知识的垄断。布迪厄称这种基于认同产生的资源为"文化资本"（cultural capital）而非"社会资本"。厄普霍夫（Uphoff，2000）将集体层次的社会资本区分为"结构性社会资本"（structural social capital）和"认知性社会资本"（cognitive social capital），前者源于以惯例、规则、程度等为基础的社会网络，能够带来有意识的集体行动、创造群体利益，能够被直接观察到，也可进行有意识的修正；后者是人们主观层面上的想法和感受，建立在价值观、态度、信仰的基础上，存在于人的内心，难以改变。

纳哈皮耶特等人（Nahapiet & Ghoshal，1998）认为"可使用的组织"（appropriable organization）是社会资本的一个部分，科尔曼和帕特南强调资源型的组织在社会资本中的重要分量。

二、研究设计与变量测量

（一）研究范式与研究方法

本研究考察移动使用的社会化媒体和公众参与机制之间的关系，这一问题需要的基础研究资料既包括参与个体的媒介使用状况和公益参与实际情况，又包括个体在参与过程中的主观感受和行为体验。为应对信息科学技术影响下公众参与空间东西理论差异大、公益传播及动员采用社会化媒体议题新颖两方面的难点，本研究采取调查资料的数据分析与质化资料的解释佐证相结合、个性解释与共性解释相关照的研究范式。具体来说，采用韦伯（Weber，1946）所提倡的"理解社会学"的研究范式，在承认主观阐释主义的基础上采用实证主义方法归纳出可以被理解的社会规律，将量化的调查数据分析与质化的深度访谈资料相结合，个性解释与共性解释之间不断穿梭以形成公众参与空间理论与公益参与经验材料的循环对话。

从群体行动与社会运动等行动式参与的社会学路径梳理的公众参与相关理论汗牛充栋，特别是公众参与理论与新闻生产研究、媒介史研究、文化研究等传播学研究的子领域相交叉产生的研究文本与理论，对分析互联网信息传播技术环境对公众参与带来的影响及变化，在理论上延续性大于断裂性。但是，在研究对象方面，传统政府部门及民间公益组织依靠社会化媒体开展公益活动的方面尚处于蹒跚学步的阶段，另外，从诞生伊始就依托社会化公益平台的公益活动样态来势汹汹，但在组织管理和公益专业性方面处于完全自我摸索式的"野蛮生长"状态。基于上述情况，从信息科技和信息传播的角度研究公益与社会化媒体的学术成果更是远远落后于实际发展，经验资料匮乏，更遑论已有借鉴意义的成型研究方法和理论。

"以统计规律为依据的解释是概率解释"（布东，1987：19）。本研究通过调查方法对个体的媒介使用偏好和公益公众参与体验进行量化，进而分析社会化媒体的移动性与公众参与度之间的回归关系。对公益信息的公开透明、媒介使用偏好的分析、参与过程中的个体间的互动程度等基础性数据分析，均是遵循量化分析概率解释的方式。

质化方面主要是对访谈资料和案例比较分析的演绎性解释。概率解释和演绎解释都是对社会现象及规律进行科学解释的方式，本书中用于演绎的资料包括两个部分：主要部分是以"滚雪球"方式抽样的 31 名公益参与者每次半小时到三小时的深度访谈资料；此外研究还以三角验证法有选择地吸收国内外的公益研究报告、互联网产业报告、生活方式调查报告、新闻报道等资料，通过上述质性资料进行交叉比较保证论据的信度与效度。归纳因果关系的方法包括求同法、差异法、求同求异法、共变法、剩余法五种，求同法和差异法是本研究质化资料分析方面较多采用的分析方法。

具体的开展方法是：本研究对照帕特南（Putnam，1995；2001）对社会资本变化影响因子的统计分析数据作为校标，整合科尔曼（Coleman，1990）对社会资本的论述以及比姆伯等（Bimber et al.，2012）提出的"群体行动空间理论"（Collective Action Space Theory，CAST）出发进行理论建构，形成研究假设。数据的分析与假设的验证构成本研究的骨架，质性资料是依附于骨架之上的血肉，承担对分析结果的解释与阐释的功能。但也有部分章节的分析由于缺少先验的理论文献，未能纳入测量问卷，因而采用质性分析先行提出假说性解读（如第五章）。

本研究对移动互联网环境中的社会化媒体的分析思路沿袭多伦多学

派的传承。威廉斯（Williams，1983）批判麦克卢汉对传播媒介的分析是"非社会化"的，因为脱离了广阔的社会和文化的语境，麦克卢汉的"技术决定论"是在为各种社会关系寻找意识形态上的理由。因此，我们通过量化数据与质化访谈资料的对话，实则希望能够突破这种为现象寻找意识形态解释的媒介研究的尴尬处境，通过调查数据对变量间多个相关研究命题及理论进行检验，再通过深度访谈资料对变量间的因果关系进行阐释，实现质化与量化范式贯穿之中实证与阐释、个性与共性、东方与西方的对话。

（二）自填式调查问卷及数据初步分析

本研究采用韦伯（Weber，1946）所提倡的"理解社会学"的研究范式，在承认主观阐释主义的基础上，采用实证主义方法归纳出可以被理解的社会规律，将量化的调查数据分析与质化的深度访谈资料相结合，个性解释与共性解释之间穿梭以形成公众参与空间理论与公益参与经验材料的循环对话。

本研究主要采用网络调查方法（Internet-Based Survey Studies）获得数据。问卷是通过精心设计问题测量人群的特征、行为及态度的资料收集的工具，美国社会学家艾尔·巴比（Babbie，2007）称"问卷是社会调查的支柱"。具体而言，问卷的内容含四大板块：①封面信及填表说明，通过甄别题项筛选出有公益参与意愿及行动的个体，作为研究对象；②社会资本状况，包括公益行动参与者在公益项目内社会资本，以及在项目外的普遍社会资本两个方面；③公益参与者个人的社会化媒体近用偏向、使用技能等方面；④致谢及联系方式。在正式的问卷发放之前，研究者在 2014 年 2 月 10 日至 28 日之间进行试调查，采用集群抽样

（Cluster Survey）、通过在线邀请的方式，在网络论坛、143 个以"公益／微公益"相关的在线群（包括 QQ 群和 YY 语音群）、豆瓣小组、采访对象微信群、公益活动现场等多种渠道发放问卷，对初步回收的 177 份问卷进行信度效度分析后，对前期直接借用的测量指标进行部分调整，重写存在歧义的测量语句，增加前测题项保证被调查对象是公益活动的参与者或者有参与意愿的个体。

正式调查由清华大学媒介调查实验室执行，采取定向邀请的网络调查（Internet-Based Survey）方式，从 26 万人的样本库中采用分层随机概率样本（Stratified Random Probability Sample）选取调查对象填写答卷。清华大学媒介调查实验室在 2014 年 1 月 10 日至 27 日之间，向样本库中符合要求的 1000 名网民发送调查邀请，共收回完整问卷 709 份。研究对网络调查采取问卷填写的控制，通过系统设置规定每个 IP 地址最多只能填写一份问卷。经过审查与复核，有效问卷数量为 556 份。为保证抽样样本对中国互联网网民特别是移动互联网网民具有代表性，本研究采用分层概率的抽样方法，层级抽样中采取移动互联网网民（中国互联网信息中心，2014：20）占总人口比例的层级配比方式在各层级中进行抽样，样本总体覆盖中国 31 个省、自治区、直辖市。从后台 IP 比例观测到全国东部、中部、西部的抽样比例为东部 64.5%，中部 24.2%，西部 11.3%。样本地域分布的比例分布水平与根据 CNNIC 第 33 次报告的地域分布比例预测水平基本一致，分层随机概率样本具有较好的代表性。

在调查样本中，55.04% 为男性，45.96% 为女性。样本平均年龄为 33.86 岁（SD= 8.381，最小 16 岁，最大 70 岁）。就就业状况而言，近 87% 为全职工作者。就户口所在地而言，19.3% 分布在北京、上海、广州等大型城市，45.8% 来自普通城市，24.3% 来自农村地区。调查对象年收入均值集中在 5 万 ~10 万元人民币。

1. 概念化及测量

根据定量研究的步骤,首先要对研究的变量进行清晰的概念界定,即"概念化"。适用于定量研究的概念必须满足抽象性、可测量性和系统性三个方面的要求。其一,关于抽象性,波普尔对"概念"的定义较为严格,他认为实证研究中的"概念"必须具有绝对的普遍性。但考虑到实际操作的可行性,定量方法一般只要求概念具有一定抽象性,即一个概念是现实中多个现象的抽象,而抽象的程度由时间、空间及研究实际情况决定;其二,概念必须是可以进行测量的。对难以测量的概念,需要把它进行转化成为代理概念再进行测量;其三,概念间的关系可以是线性的、非线性的、独立关系、条件关系等,但是概念必须具有系统性,即概念间关系具有清晰性、方向性、明确性。根据第一章末提出的研究设计框架,本研究总共涉及五个主要概念:移动性即社会化媒体的移动化近用、公众参与度、公益透明度、公益有效性感知、社会资本。其中,个人的社会化媒体近用由于缺少既有的测量方法而采用自创量表,其余概念的测量均采用将既有量表结合本土实际情况萃取其中测量题项的方式(详见附录 B:调查问卷)。

(1)赛尔媒体的近用

媒介近用的测量包括使用时长、使用频率、使用内容、使用技能四个方面。本研究中对社会化媒体的近用沿袭该惯例的分类方式,在此基础上引入两个媒体近用偏向(Media Access Bias)维度:①近用功能根据卡普兰(Kaplan et al.,2010)对社会化媒体的分类的"信息—社交"(Information Richness-Social Presentation)两个维度自创量表;②近用场景,即"移动—非移动"(Mobile - Non Mobile)。据此,本研究构建出社会化媒体使用偏向的六个测量维度,每个维度下面含有若干测量指标,见附录 B。此处有三个问题需作出说明:其一,对移动性进行测量的题项中，除了传统媒介使用测量中对"使用时长"的测量（例如"每小时刷几次微博／微信"）的提问方法以外，还采用了对"使用频度"（例如"休息时间每小时刷几次微博／微信"）的提问方法，以保证新媒介技术变化过程中对互联网用户对社会化媒体使用方式的测量效度；其二，对于移动性程度的测量，本研究对同一种社会化媒体使用的移动化使用频率除以该所有媒介非移动化使用频率，以消除单位，便于在后期移动性的测量中进行加权；其三，遵循比姆伯（Bimber et al., 2012）的研究方法，对调查对象的互联网媒介"使用技能"的题项根据本土情境进行调整后，最终选用 Q19_1~Q19_6 六个指标采用李克特五点量表进行测量作为控制变量（见表 2.2）。

表 2.2　社交媒体近用的测量指标

	使用时长	使用频率	使用内容
近用功能：信息—社交	Q12，Q7_13	Q7_7, Q7_8	Q8_1,Q8_2,Q8_3 Q8_4,Q8_5,Q8_6
近用场景：移动—非移动	Q12_1/Q12_ Q16 Q17	Q7_8, Q7_9, Q7_12,Q7_13, Q7_14,Q7_16	Q15_3/Q15_1 Q15_4/Q15_2 Q16_1,Q17_1
近用技能（控制变量）	Q19_1, Q19_2, Q19_3, Q19_4, Q19_5, Q19_6		

　　因为对媒体的使用偏向的测量是自创量表，本研究进而进行因子分析和量表的信度及效度检验。对近用功能及近用场景的因子分析将在第四章中予以更为详细的报告。

　　此处值得补充说明的是，为何提取"信息—社交"维度而非对各种形态的传播媒介进行细致的区分？总的来说，是为了保证理论的生命力与解释力。对各类社会化媒体产品的技术属性进行精细比较的研究已经为我们奠定了材料基础，例如王秀丽（2013）对公益开展可以依托哪些社会化媒体资源进行技术上的梳理，并且比较每一种技术的优缺点以及可操作性；遗憾的是这一类研究社会化媒体与公益活动的思路局限于当下的情境和技术条件，这种描述性的研究鲜有理论建设意义。因此，我们从社会化媒体研究的文献中提取出近用功能这一个维度，并且通过信息化使用与社交化使用两个概念共六个指标对被试的媒介使用方式进行测量。近用的"信息—社交"不仅适用于目前已有的社会化媒体形态，也对尚处于概念化阶段的媒介形态具有解释力和指导意义。

更具体地说，当代中国的网络公益行动表现为"新媒介化的群体行动"，因此，新兴媒介技术测量指标的建构是建立研究模型的关键。卡普兰与亨莱因（Kaplan & Haenlein，2010）从技术建构的角度总结出社交媒体的两个维度：信息偏向（Informational Oriented SNS Access）的社交媒介使用包括分享、观点交换等促进公民协商的媒介使用行为；社交偏向（Sociable Oriented SNS Access）包括个人信息更新、朋友互动等社交行为。依据"信息—社交"（Information Richness—Social Presentation）两个维度自创五点量表对社交媒体近用的测量包括以下题项：

请被调查对象根据自身情况选择您在公益参与中（包括志愿者、捐款、转发评论等）使用社会化媒体的作用，请选择以下描述的符合程度（1- 很不符合；5- 很符合）：

SNS_1 发布和获取信息；

SNS_2 存储和记录信息；

SNS_3 引起更多人对活动的关注；

SNS_4 展示自己的经历；

SNS_5 协调公益行动；

SNS_6 与其他参与者建立联系；

SNS_7 与其他参与者交流讨论；

SNS_8 关注和支持喜爱的名人。

采用 SPSS 对上述测量进行因子分析结果显示，8 项李克特五点测量中共同萃取出两个因子共解释 53.07% 的方差。根据萃取结果，前 3 个测量项相加得到"信息偏向的媒体使用"变量（M=11.25, SD=4.66），后 5 个测量项相加得到"社交偏向的媒体使用"变量（M=17.72, SD=13.9）。

（2）公众参与

群体行动空间理论（CAST）采用参与度（Engagement）和互动度（Interaction）两个维度用于衡量总的公众参与（Bimber et al., 2012:97）。

互动度是衡量公众参与度两个维度之一，在 CAST 理论中作为群体行动空间的横坐标轴。互动度是一个渐变连续轴，两端分别是人格化（personal）互动和非人格化（impersonal）互动。人格化互动指与熟识的他人的在长期内展开的重复的互动，并且由此可以产生和发展人际关系（Bimber et al., 2012：89）。人格化互动是持续的联系关系，他们共享某种身份，或者对某个事物有共同的看法。可以理解为在"地方化空间"内开展的交流。人格化互动制造"强关系"，而强关系可能带来组织内成员的相互信任、共同的规范、互利互惠和亲密的认同（Granovetter, 1973）。不过强关系具有同质性，表现为公众参与者持有相同的价值观念和信息源，保持类似的人际联系网络。基于人格化互动的公众参与个体在形成和保持强关系的过程中，其人际网络、其他公共事务参与、参与机制等方面也会呈现出趋同现象。行动者的个体参与行为在这一维度上得分越高，那么建立社会关系网和积累社会资本更有可能成为其公众参与的动机。与此同时，强关系维系成本较高，意味着这类参与行动者对于其他类型的公共活动的关注和参与度会相应减弱。互动度的测量包括以下 6 个题项，被试按照自己的感受在李克特五点量表上报告分值，6 个测量项的分值的算术平均和就是这名参与者在公众参与互动度（PE_

Interact）上的得分。

公众参与互动度（PE_Interact）的 6 个测量指标：

PE_Int(1) 我和其他参与者交流顺畅且频繁；

PE_Int(2) 除了公益活动相关的事情，我还会和其参他者交流别的话题；

PE_Int(3) 除了这个项目，我和其他公益参与者还一起参加其他活动；

PE_Int(4) 我和其他参与者有相同的兴趣爱好；

PE_Int(5) 我和其他参与者有共同认识的人；

PE_Int(6) 在我所关注参与的公益项目中，人和人之间相互认识了解。

与互动度相对应的参与度（PE_Engage），指的是个人参与到组织的议程设置和决策制定中的程度(Bimber et al., 2012:92)。传统的理论认为，在群体行为中，较为规范的组织模式是高度机构化的组织结构（Walker，1991），这种结构中个人的选择在很大程度上受到机构的科层管理体系和结构化的制约，也就限制了个人建言献策、主动创新的自由空间。与此同时由于传统的大众媒介限制了参与者获取公益信息的渠道，这种情况下加入组织的动机是为了获取信息或品质化的资源，而非主观上的纯粹参与。在机构化的情况下，机构可能从信息不对称的格局中获益。另外，对于机构化运作的公众参与组织来说，想要加入的个体需要具备组织的"身份"，这无疑成为传统组织的一个门槛。例如加入教师协会的成员必须具有教师身份，很多环保组织也是如此。不过，现在专家们对数字媒体改变这一局面的可能性抱有希望，因为数字媒体环境改变了信息渠道的不平衡格局，而且对传统的科层状况也有所缓解。从这个意义上来讲，参与度（PE_Engage）不仅可以测量参与程度，还可以作为测量项目组织的科层化或扁平化程度的参考。参与度提供了人们参与组织决策、决定组织发展方向的考察维度。所以，参与度（PE_Engage）也是通过一个连续轴来衡量，语义差异的两端分别是领导式的参与和机构式的参与。

所谓领导式（或开创式）的参与，指的是参与个体有充分的自主决定权利，能够享有设计群体行动的自由空间；所谓机构式参与，即参与者按照组织决策和组织章程完成自己分配到的任务。参与度作为 CAST 理论的纵坐标，同样包括 6 个测量题项，通过李克特五点量表来测量。

公众参与度（PE_Engage）的 6 个测量指标：

PE_Eng（1）我会表达这个公益活动如何开展的建议；

PE_Eng（2）我的建议能够得到反馈或采纳；

PE_Eng（3）参与者有自由空间，根据实际情况来决定公益项目具体如何开展；

PE_Eng（4）我能够与公益项目的发起人和领导人进行互动和交流；

PE_Eng（5）我公益项目的目标，是由像我这样的参与者影响下共同决定的；

PE_Eng（6）我按照自己的设想来参与公益活动。

在这两个维度的基础上，比姆伯等（Bimber et al., 2012:97）总结出一个四维空间，如图 2.1 所示：

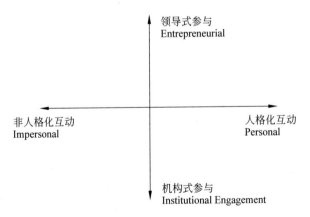

图 2.1　群体行动空间

（3）联结型和黏合型社会资本

帕特南（Putnam，2001）认为，社群中的"水平社会链接"（horizontal associations）是一种社会资本，其最主要的表现形式就是资源组织的参与（Putnam，1995）。在帕特南（Putnam，1995）对意大利民主政治的研究中，他发现公众参与和公民行为发达的地区，民主政治可以促进公共政策的效率；而在公众参与与公民行为欠发达的地区，民主政治很容易导致政治效率低下萎靡、社会失范混乱。

上述学术研究都强调社会资本概念中"联系"的成分，并且都对社会资本持乐观态度。社会资本与公众参与呈现正向相关的关系，二者互为因果、相互促进。一方面，社会资本能够预测公众参与意愿，社会联系广泛、社会信任深厚可以预测公众参与意愿强烈；另一方面，公众参与的数量和质量高，可以创造更多的社会联系，增进普遍的社会信任。（帕特南，2011：7~11；21~60）

综合上述研究中对社会资本测量的题项，可以将之分为个体关系面社会资本和普遍社会资本两个部分。前者又是对黏合型社会资本的测量，采用米什拉（Mishra，1996）"我觉得项目的其他参与者对我是诚实坦白的""我觉得项目的其他参与者具备胜任其公益任务的知识和技能""我觉得项目的其他参与者的行为是稳定可靠的"等六个测量指标。后者是对联结型社会资本的衡量，采用 DDB 生活方式调查的对应指标进行测量。

社会资本是一个具有包容性的概念，不仅可以用于衡量和区别组织内与社会范围内的联系状况，也可以用于描述组织的方式和社会信任程度。社会资本指人与人之间的相互关系，以及由此产生的互利互惠和相互信赖的规范（Putnam，2001：7）。人与人之间的相互关系是社会资本的基础，这种关系的连接方式在社会化媒体环境中正在发生改变。社会网络分析中大量文献对社会化媒体带来的人际关系变迁进行探讨

（Ellison et al.，2014）。遵循罗家德、陈晓萍（2012）的分析框架，社会资本包括项目内部社会资本和普遍社会资本两个部分。

联结型社会资本（Bridging Social Capital）的测量：请调查对象根据自身情况对下列描述按照符合程度打分（1- 很不符合；5- 很符合）：

SC_Br (1) 社会上绝大部分人是值得信任的；

SC_Br (2) 社会上绝大部分人是诚实的；

SC_Br (3) 网络上绝大部分人是值得信任的；

SC_Br (4) 网络上绝大部分人是诚实的；

SC_Br (5) 社会化媒体上绝大部分网友是值得信任的；

SC_Br (6) 社会化媒体上绝大部分人是诚实的；

SC_Br (7) 如果有人需要，我会在能力范围内提供帮助；

SC_Br (8) 当我需要帮助时，一般都能得到帮助。

统计结果显示上述 8 个测量指标合成一个因子（KMO=0.771）共解释 56.261% 的方差变异量，因此上述 8 个指标相加共同组成联结型社会资本变量（M=27.96, SD=5.6, Min=10, Max=40, df=6, Sig.=0.000）。

黏合型社会资本（Bonding Social Capital）的测量：请调查对象根据自身情况对下列描述按照符合程度打分（1- 很不符合；5- 很符合）：

SC_Bd (1) 项目的其他参与者对我是诚实坦白的；

SC_Bd (2) 项目的其他参与者的行为是稳定可靠的；

SC_Bd (3) 我和其他参与者交流顺畅且频繁；

SC_Bd (4) 除了公益活动相关的事情，我还会和其参与者交流别的话题；

SC_Bd (5) 除了这个项目，我和其他公益参与者还一起参加其他活动；

SC_Bd (6) 我和其他参与者有相同的兴趣爱好；

SC_Bd (7) 我和其他参与者有共同认识的人；

SC_Bd (8) 在我所关注参与的公益项目中，人和人之间相互认识了解。

统计结果显示上述 8 个测量指标合成一个因子（KMO=0.787），共解释 58.858% 的方差，因此上述 8 个指标相加共同组成黏合型社会资本变量（M=28.8, SD=5.6, Min=8, Max=40, df=28, Sig=0.000）。

（4）公益透明度感知

中国公益研究院从 2011 年开始发布的《公益慈善年度报告》（以下简称"2011 公益报告"）重点考察全国范围内公益基金的公益透明度，并且建立了公益透明度的共 8 项 46 个测量指标，主要涉及公益慈善组织的基本信息、财务信息和内部管理信息三个方面；在同一系列的 2012 公益报告中进一步增加了信息获取的准确性、及时性、便捷性等测量指标。针对基于微博等社会化媒体的信息基础设施开展的民间"微公益"的特点，发起人的目标是影响民众对公益透明度感知的重要变量，该测量变量本属于 2011 公益报告中公益测量的财务信息方面，但考虑到其在当代公益活动中的重要程度，本研究将单列一项以测量。

因此，公益透明度的测量指标包括以下五个测量指标：

Trans_1 项目发起人的目标公开公正；

Trans_2 项目基本信息（名称性质、目标宗旨、联系方式、工作报告）公开透明；

Trans_3 项目财务信息（财务收支、审计、行政成本等）公开透明；

Trans_4 项目内部管理信息（决策过程、组织和人事等）公开透明；

Trans_5 需要的时候，我可以快速地获得准确的项目信息。

（5）公益有效性感知

根据弗鲁姆金（Frumkin, 2006）的阐述,公益项目的有效性（Efficacy）、权责性（Accountability）与合法性（Legitimacy）是公益专业化过程中最重要的三个方面问题，也是公益传播信息的核心主题，测量指标包括以下6个：

E_1 项目能够有效地帮助他人，实现公益目标；

E_2 项目实行者具有反思过错、总结经验的能力；

A_1 项目能解决目前最为迫切的社会问题；

A_2 项目能帮助目前社会上最需要帮助的人；

L_1 项目向管理部门注册登记备案，地位合法；

L_2 项目执行者具有解决这类问题的资质。

2. 抽样设计

在正式的问卷发放之前，本研究在 2014 年 2 月 10 日至 2 月 28 日之间进行试调查，采用集群抽样（Cluster Survey）的方式，在线邀请，在网络论坛、143 个以"公益 / 微公益"相关的在线群（包括 QQ 群和 YY 语音群）、豆瓣小组、采访对象微信群、公益活动现场等多种渠道发放问卷，对回收的 177 份问卷进行分析后，对前期直接借用的测量指标进行部分调整（例如测量组织内社会资本的题项"人们之间是互利互惠关系"在中文语境中存在歧义，影响测量信度），增加了前测题项，保证被调查对象是公益活动的参与者或者有参与意愿的个体。

正式调查由清华大学媒介调查实验室执行，采取定向邀请的网络调查（Internet-Based Survey）方式，从 26 万人的样本库中采用分层随机概率抽样（Stratified Random Probability Sample）选取调查对象填写答卷。向样本库中符合要求的 1000 名网民发送调查邀请，共收回完整问卷 709 份；研究对网络调查采取问卷填写控制，通过系统设置规定，对于网络和移动终端填写问卷，每个 IP 地址最多只能填写一份问卷；设置甄别题项等方式保证测量的信度和效度。经过审查与复核，有效问卷数量为 556 份。为保证样本对中国互联网网民特别是移动互联网网民具有代表性，本研究采用分层概率抽样方法，采取移动互联网网民（中国互联网信息中心，2014：20）占总人口比例的层级配比方式在各层级中进行抽样，样本总体覆盖中国31个省、自治区、直辖市。从后台IP比例观测到全国东部、中部、西部的抽样比例为东部64.5%、中部24.2%、西部11.3%。样本地域分布的比例分布水平与根据CNNIC第33次报告的地域分布比例预测水平基本一致，分层随机概率样本具有较好的代表性。

3. 控制变量及样本描述

影响公民公众参与状况的因素包括多个方面，根据帕特南（Putnam，2006）和DBB生活方式调查档案的总结，结合中国本土情况，本研究主要考虑互联网技能、性别、年龄、就业状况、户口、收入、教育背景和宗教信仰八个方面。下面依次叙述每一个变量可能对公众参与带来的影响，以及该变量在抽样样本中的描述性统计分析。

（1）互联网技能

杨国斌等（2013：151~154）从组织层面研究，发现互联网技能对公益参与程度有影响，网络不再是一般性的资源，而是能生成资源的资源（resource-generating resource）。利用网络与国际组织进行沟通、传播信息、组织活动，是一种提高组织能见度、影响力和社会资本的重要方式，而之后这些资源可能促进其他类型资源（如项目资助、人员招募）的形成。

本研究对互联网媒介"使用技能"的测量是将比姆伯等（Bimber et al.，2012）的测量问卷依据本土情境进行调整后生成的，采用李克特五点量表进行以下6个题项的测量：

请受访者根据自身情况，标出上网时掌握下列操作的熟练程度（a. 完全不会；b. 很熟练）：

① 上网搜索需要的信息；

②拍摄照片分享到互联网；

③制作视频并分享到互联网；

④撰写博客并发布到互联网；

⑤使用微博发布和获取信息；

⑥使用微信发布和获取信息。

单因子分析显示上述 6 项测量共解释 64.156% 的方差，将 6 项指标相加可以合成"互联网技能"控制变量。（M=24.6, SD=4.37, Min=10, Max=30）

（2）性别

公益活动由于具有帮助、关爱（caring）等社会刻板印象而成为具有女性气质的公众参与项目。性别是影响公众参与状况的一个指标。本研究考察被调查者的生理性别，自填问卷报告男性或女性。被调查者的总体情况为，男性 306 人，占样本比例 55.04%；女性 250 人，占样本比例 45.96%。

通过独立样本 t 检验分析原假设 H0：女性比男性的公益参与程度高。就公众参与程度而言，男性的平均数（Mean=42.25, Std=8.836, N=306）略微高于女性的平均数（Mean=41.36, Std.=8.979, N=250），但是 t 检验没有达到显著性水平（t=1.174, df=554,Sig.2 tailed），性别之间的差异没有意义。Levene 检验（Levene's Test for Equality of Variance）检验男性与女性在公众参与程度方面的方差是否同质（F=0.005, p=0.941>0.05），两组方差差异未达到显著性水平，所以接受虚无假设 H0（即方差相等），公益公众参与度并不具有性别差异。

（3）年龄

《文明办 SNS 公益报告 2014》调查数据显示，我国公益公众参与人口中 20~39 岁的参与者占到 80% 以上；新浪微博监测数据显示公益参与活力较高的人群大部分分布在 30 岁以上，约占公益参与者总数的七成左右。

由于在回归模型初步检验中年龄并不显著，本研究将调查对象分为五个组别进行单因子方差分析，观察各个年龄段在公益公众参与程度方面的差别。数据显示，样本中 25～35 岁年龄群体中参与程度最高（N=321, Min=12, Max=60，Mean=42.64，Std.=0.504），因为这一阶段群体综合经济能力和闲暇时间方面较为富裕；仅次于此的是 19～24 岁的大学生年龄段群体（N=75, Min=12, Max=59，Mean=39.97, Std.=0.962），大学生群体的社团活动与闲暇时间较多，但是经济能力较为薄弱，在公众参与的参与度方面的表现符合在实地访谈中的预期。36～59 岁中年年龄段群体（N=151, Min=12, Max=60，Mean=41.35, Std.=0.720）和年龄大于 60 周岁的老年年龄段（N=8, Min=27, Max=48,Mean=39.38, Std.=2.203）在公益公众参与度方面比较接近，随着年龄的上升可支配收入增加，但是考虑到家庭压力和工作压力也同时增加，中年的闲暇时间相对减少，在家庭及工作压力与社会责任的天平权衡之中参与者显然更为偏向前者。最后，青少年由于升学压力和被动参与组织化公益活动较多，因而在公众参与度方面得分较低（N=1, Min=29, Max=29,Mean=29）。

采用单因子方差分析（One-Way ANOVA）检验五个年龄段个体，可观察到年龄段的组间差异显著大于组内差异（F=2.292,df=4, Mean Square=180.033, Sig.=0.048）。但由于其中一组（Age<18）的组内频数小于 5，无法做事后比较（a posteriori comparisons）来推断究竟是哪两组之间差异具有显著性。

（4）就业状况

工作状态决定个人的可支配闲暇时间长短，因此影响公民参与程度。20 世纪 90 年代的研究表明，"闲暇时间"并不能轻易转化为公民参与，其中零碎的闲暇时间被繁忙的日程占据；闲暇时间在公民参与维度的分配在人口变量上的分布发生变化，那些年轻且受过良好教育的女性曾经是公民参与的生力军，但目前拥有闲暇时间的人群逐渐转向年老、受教育程度低的男性，这些人更倾向于单独度过闲暇时间（Schor，2000）。样本中全职工作者为483人，占86.9%；兼职工作者15人，占2.7%；无工作者58人，占10.4%。

本研究将调查对象的工作状态分为"全职""兼职"和"暂无工作"三类，观察和比较各类群体的公众参与程度。单因子方差分析（F=6.220，Sig.=0.002）达到显著水平，显示组间差异（df=2，Mean square=483.967）显著大于组内差异（df=553，Mean square=77.811），采用Scheffe多重比较的方法进行事后比较发现，就参与程度（PE）而言，兼职工作者参与程度明显高于暂无工作者的参与程度（平方和SS=3.50，Std=2.31，Sig.=0.005），而全职工作者的参与程度均值与无工作者的参与程度之间关系不显著。由于Scheffe是较为严格的检验方法，研究进一步采用实在显著差异法（Tukey HSD）进行比较，支持上述结论，同时发现全职工作的个体参与程度明显高于兼职（平方和SS=4.004，Std=1.226，Sig.=0.003）。

这一发现与美国DDB Needham生活方式调查档案（1975—1998）的发现基本一致。

（5）户口

户口所在地可以体现居住城市的规模，而城市扩张带来的诸如每日交通时间的增加则会压缩公众参与时间；此外，公益被认为是一种"有闲阶级"的消遣方式，加上当代微慈善对信息传播技术的依附关系，因此直观上认为公益参与者主要分布在城市。我们对样本的户籍进行统计：直辖市城市户口为160人，占28.8；省会城市户口 108人，占

19.4%；地级市城市户口为 147 人，占 26.4%；县级市城市户口人数 75 人，占 13.5%；集镇或自理口粮户 7 人，占 1.3%；农村户口人数 58 人，占 10.4%；其他 1 人，占 0.2%。

户口状况通过业余时间等中介变量对公益参与程度产生影响。采用独立样本 t 检验（Independent-Samples T Test）的统计方法，本研究发现城市居民（N=415）与非城市居民（N=141）在公益参与程度方面没有差别（F=0.557，t=−1.254，df=554，Sig(t)=0.210）。不过在 95% 的置信区间下，移动度方面有一定的差异，城市户口相比于农村户口的公益参与者而言，移动程度更高（F=3.116，t=1.873，df=546，Sig.=0.062）。

（6）教育程度

教育背景是预测公众参与程度的重要指标。样本中教育水平的分布为：初中水平 223 人，占 0.4%；职业高中、普通高中、中专、技校、大学专科共计 221 人，占 39.7%；大学本科共计 218 人，占约 39.1%；研究生及以上 49 人，占样本总量的 8.8%，其他不明学历人数为 66 人。

受教育水平带入模型不具有统计学上的显著意义。我们进而将受教育水平划分为非高等教育（N=223, Mean=44.40, Std=12.70）和高等教育（N=551, Mean=41.83, Std=8.87）两个群体进行比较，发现在参与程度方面，这种分类仍然不能检测到两个群体之间的显著差异（F=1.595，t=0.642，df=554，Sig.=0.207）。

（7）收入情况

据研究，收入与公民参与呈正相关，特别考虑到公益捐赠更是如此。不过，收入与公众参与的程度未必有同样的相关关系，因为高收入的繁忙工作很有可能挤占公民参与的时间。在样本中，去年一年可支配收入在 1 万元以下的 57 人，占 10.3%；1 万~5 万元的为 119 人，占 21.4%；5 万~10 万元的为 182 人，占 32.7%；10 万~15 万元的有 109 人，占

19.6%；15 万~20 万元的人数为 57 人，占 10.3%；20 万元以上的人数为 32 人，占 5.8%。

就公众参与程度而言，不同收入水平与公益参与度呈正比。由于问卷中按照分组方式测量收入水平，所以我们首先采用单因子分析检验方差是否同质，统计结果显示在公众参与程度方面组间差异大于组内差异（$F=9.774, df=5, Sig.=0.000$），达到显著性要求。

（8）宗教信仰

对中国的公益参与研究而言，宗教信仰是值得更深入研究的公众参与要素。盖勒普调查公布的"宗教与无神论全球指数"显示，全球 13% 的人口报告自己有宗教信仰，而中国有近半数（47%）的人认为自己是无神论者。在《华盛顿邮报》绘制的互动地图上，中国的无神论、无宗教信仰人口的比例因为高达 40%~49% 而在地图上格外凸显。

在本章前文探讨公益参与的影响因素时，我们较为系统地探讨过宗教信仰、宗教实践的组织对公益参与的影响。宗教信仰中普遍崇奉和推行"利他主义"（Altruism）的博爱精神，因此对公益具有正向促进作用。此外，教堂作为社区的公众参与空间不仅培养公民的参与习惯和公民技能，还是促成沟通交流和社会资本形成的空间。

总的来说，宗教信仰、宗教观念和宗教实践都会对是否公益参与、参与的方式和程度、公益活动的类型和习惯产生影响。此外，公益参与和不同宗教类型的相关关系也在统计学上具有显著性差异。李若木等（2012）通过 2007 年精神生活截面数据分析发现，不同宗教类别与公益参与的相关程度有所区别：在中国，宣称自己信仰道教和基督教的人，参与公益活动的可能性更高；相比而言，传统宗教观念与公益参与之间的关系不显著。刘继同（2010）肯定宗教团体在"慈善"层面是活动的服务机构、资金来源和发展动因，但是在"公益"层面，宗教的职能被企业与 NPO、财政税收所替代，参与主体也表现为由专业人士和公民取代宗教团体。在不同的社会文化环境和不同的经济社会发展阶段，宗教对于公众参与特别是公益参与的作用有所不同。

样本中宗教信仰的分布状况为：无宗教信仰 453 人，占比 81.5%；有宗教信仰的 103 人，占比 18.5%；其中佛教 60 人，占 10.8%；道教 4 人；伊斯兰教 6 人，天主教 4 人，基督教 13 人，其他基督教派 1 人，民间信仰 15 人。

本研究采用独立样本 t 检验（Independent-Samples T Test），分析检验调查对象的宗教信仰是否会对公益参与程度带来显著的影响。就公众参与程度而言，有宗教信仰的公众参与度平均数（Mean=43.39, Std=7.476, N=103）高于没有宗教信仰人群的公众参与度平均数（Mean=41.73, Std.=9.200, N=453），但是 t 检验没有达到显著性水平（t=0.674, df=554），宗教信仰之间的差异没有意义。Levene 检验（Levene's Test for Equality of Variance）检验有宗教信仰和没有宗教信仰在公众参与程度方面的方差是否同质（F=2.796, p=0.095>0.05），两组方差差异未达到显著性水平，所以接受虚无假设 H0 即方差相等（Equal Variance Assumed）。也就是说，统计数据并不能证明有宗教信仰和没有宗教信仰的参与者在参与程度方面有显著差别。

本调查涉及的公益的公众参与者当中，有宗教信仰和没有宗教信仰在公众参与程度方面的方差相等，可认为公益的公众参与在中国的公益环境中尚不具有宗教信仰方面的差异。但在深度访谈中我们能够感受到不同的公益项目类型和组织方式与宗教信仰相关，比如"免费午餐"的参与者中宗教信仰不太普遍，"温暖'衣'冬"的参与者由没有宗教信仰的大学生返乡过春节群体构成；"随手帮助街边流浪人员"的活动中我们接触到很多位基督教徒从受助者发展成为核心志愿者，而"双闪志愿者"的活跃参与者中有相当高比例的佛教和伊斯兰教信徒。这种直观的感受没有被统计检验所证实。在宗教方面的经验性研究有待进一步深入展开。摆在未来研究者面前的问题是如何实现制度创新保障人人公众参与的普遍性状况，并且有效地引导这种公众参与样态进而成为与西方文化有所参照却也具有本土特色的社会资本温床。

以上对样本描述的过程中，我们同时考察了这些人口统计学变量对公众参与、移动媒体程度使用的影响。对公众参与的基本要素做出分析与检验，是整个研究的基础。对性别、年龄、收入、信仰等人口统计学变量与公众参与度回归关系的分析，并对照西方相关调查数据，旨在探讨中国文化中公益参与的基本面貌。公众参与群体的移动互联网、社会化媒体使用偏好呈现出较强的移动化趋势。本研究因此提出移动性的公式，在初步统计检验中探究移动性与公众参与度的关系。

4.数据整理与初步发现

（1）数据整理

截至 2014 年 3 月 10 日，本研究收回问卷 709 份，其中去除答题时间少于 400 秒的问卷；去除在表达式参与和行动式参与测量维度中均选择 1（甄别题）的无效问卷，即 Q2_1 到 Q2_5 中均选择选项 1 的问卷；删除完全没有接受过任何公益相关信息的问卷，即 Q13_1,Q14_1,Q15_2,Q15_4，Q16_1，Q17_1 均填写数字 0 的问卷；去除甄别题项不符合要求的问卷后，最终得到有效问卷 556 份。

数据整理主要包括格式整理和缺失值的处理两个部分。首先将数据整理为规范的整数及小数点后一位的形式；其次，对概数取中间值，例如"每年参加志愿者活动_____次"中回答"5~7"则将之换算为 6 次。最后，数据整理中将文本（例如填空题中填写的"说不清""不确定")取为缺失值，采用"多重填补"（imputation）或者"数据增广"（data argumentation）两种方法对缺失数据的进行估计和补全（King et al. 2001；Schafer & Yucel，2002；Honaker，2010）。

（2）公益信息获取的融媒特征

考察依靠传统媒体、网络媒体与移动媒体的渠道的相关程度，数据显示三者呈现不同程度的相关性。具体而言，通过对调查对象自报告的不同渠道的公益信息接触频率进行皮尔逊相关分析，传统媒体、网络媒体与移动媒体在公益信息输送方面的渠道作用呈现中度相关（$0.16 \leqslant R^2 \leqslant 0.49$），网络媒体与移动媒体呈高度相关（$R^2 > 0.49$）（见表 2.3）。

表 2.3　传统媒体、网络媒体与移动媒体的相关矩阵表

	传统媒体	网络媒体	移动媒体
传统媒体	1.000		
网络媒体	0.525** (R^2=0.276)	1.000	
移动媒体	0.442** (R^2=0.195)	0.821** (R^2=0.674)	1.000

** $p < 0.01$，括号内为决定系数

公益参与是一种"心灵的习惯"（托克维尔，1989），即助人为乐的奉献精神、参加社团和志愿活动能够相互促进，形成习惯性的行为。获取公益信息也是一种心灵的习惯，公益参与者从各种渠道获取信息，并不会感受和区分各种信息载体之间的差别。而当下公益传播渠道也呈现出多样化、普遍化的特征，比如地铁宣传栏、随手募捐箱等。

如果沿用大众媒介时代的"受众观"来考察公益参与者，那么，公益信息的"受众"虽然呈现出数字化特征，但远未达到我们预期的程度。特别当我们更为细致地逐一考察媒介使用与公益参与程度发现，实质上并非数字化近用习惯、而是具有阅读习惯（报纸和项目网站）的个体表

现出更加深入的公益参与行为。如果采用互联网理论一贯的"用户观"来考察公益参与者，那么，公益信息的"用户"为满足知晓的需求，而近用信息渠道的过程，也并非刻意选择的结果。至于不同类别的公益信息的接触是"被动推送"还是"主动获取"，需要更确切的统计数据才能得出结论。但可以肯定的是，这种融合媒体的信息特征在公益参与者的信息接收方面表现明显，在第五章会通过访谈资料进行更为详细的讨论。

"数字化"对于公益信息传播而言并非必备的技术条件。那么，"移动化"的必要性又如何？

（3）公益信息获取的移动化特征

继相关性检验之后，我们对三个信息渠道进行配对样本 t 检验（Paired Sample T test），以分析三个渠道中每两者之间的差异。数据显示（见表 2.4），传统媒体与网络媒体没有显著差别；移动互联网媒体使用明显多于传统媒体使用；移动互联网明显地高于网络媒体。

表 2.4　传统媒体、网络媒体与移动媒体的配对样本 T 检验

	传统媒体	网络媒体	移动媒体
传统媒体	1.000		
网络媒体	−0.694 (0.037)	1.000	
移动媒体	1.92*(0.043)	4.767***(0.022)	1.000

*$p < 0.01$, ** $p < 0.01$, *** $p < 0.001$（双尾 t 检验）. 括号内为标准差 Std. Deviation. df=555

公益参与者在项目信息的渠道表现出非常明显的"移动化"特征，通过移动渠道获取信息的频率是传统媒体的近两倍，是网络媒体的近五倍。信息渠道向移动终端迁徙是大势所趋，但值得注意的是，"移动"不但不能够保证参与的深度，甚至还会导致深参与的普遍社会效果发生异化。

可见，公益潜在参与者的公益信息的获取方式呈现弱数字化和强移

动化的特色，公益传播的创新策略应该针对融合媒体和移动化媒体趋势进行调整。需要强调的是，"移动化"的特征并不局限于移动媒体的使用，在社会普遍意义上的移动化浪潮中出现的"失域"（placeless places，Meyrowitz，1986）是新兴公益样态的生存空间。比如，除了大众媒体、网络和手机媒体之外，地铁沿线的张贴画、机场出租车等候区的募资海报、酒店收银台的随手募捐储蓄罐等途径是成本较低的信息渠道。

（三）深度访谈与质性资料介绍

通常意义上，"科学研究"包含两个相互对立的进路：实证主义的观点认为科学研究必须是通过系统、实证的方法对客观世界的认识，其判断知识真假的标准是客观事实和逻辑法则（袁方，2013:4）；而解释主义的观点承认人的自由意志，因此行为和时间是独特且无法预测的。韦伯提倡的"理解社会学"是介于客观的实证主义与主观的阐释主义之间的研究方法立场。本研究中采用的深度访谈资料，便是仿效韦伯意义上的"理解社会学"进路，在探索数据规律的基础上进行社会学阐释。

质性资料的获取方法有访谈、参与观察等多种渠道。洛夫兰等（Lofland et al.，2006）推荐使用自然的、开放式的方法研究社会互动，因为能够观察人们在不受打扰的日常生活中如何使用自己的语言描述社会实践和互动。而访谈是研究者通过口头谈话的方式从被研究者那里收集（或者说"建构"）第一手资料的研究方法（陈向明，2002:165）。由于社会科学涉及人类的行为理念、态度和语言表达，访谈是较为快速地获取一手资料、围绕核心研究问题深入挖掘重要信息的方式。

1. 访谈对象与案例的选择

本研究对涉及依赖社会化媒体开展公益活动的相关机构、部门、项目类组织及个人等各方通过"滚雪球"的抽样方式进行访谈，从大量质化资料中提取与统计分析相关的资料。本研究自 2011 年即开始撒网式的资料收集，对 2004—2013 年有文字记录的所有公益项目和案例进行撒网式寻查和梳理，其中对民间自发公益给予特别的关注。研究初期根据公益项目本身的属性共选定儿童发展、解救贫困（包括知识扶贫和大病救助等）、灾害救援、环境保护、公益倡导五个类别共 20 个公益项目作为重点观察的研究对象。在不断与文献理论和研究问题对话的过程中，案例的选择逐渐聚焦到应用互联网开展的公益项目上来。考虑到对时间和空间因素制约性的划分标准，同时为从国家和社会的层面进行深入讨论，本研究将范围进一步缩小到以"国家—社会"关系的标准作为重点研究案例的选取框架。

考虑到移动互联网问世不久且在大城市的普及率相对较高，而且本研究关心的"社会创新"在城市因享有城市教育资源而发展更为全面，加上城市的人口多元化特征，因此访谈对象的选择主要聚焦在直辖市、省会城市。人以群分，而群分的基本法则是相似性和共同点。相较于那些没有任何共同点的人群来说，有相似社会坐标的人们能够更容易展开对话，也更容易协同行动。社会坐标（social axis）包括性取向、职业、教育、籍贯、宗教、阶层、政治观点甚至人格性情等，社会坐标的多样化是现代城市的一个显著特征（Carr et al.，1992）。从群体行为公众参与的角度对公益活动中的传播媒介进行研究，城市因此是最具典型意义的"田野"。

研究关注时间最久的项目是"随手拍"系列活动。自 2011 年"随手拍"活动发起以来，笔者先后多次到各处志愿者开展活动的地点走访，并亲身参与到这一主题下的多项活动中。之所以说它是"主题"项目，是因为实际上"微博打拐"并不是某人或者某机构的"独创"，而是一个在互联网自媒体上不断自下而上酝酿的产物。很多类组织都在从事服务于同一目的的活动，但它们之间不一定有竞争或合作关系。对于不深入探究的网民来说，这个项目既不属于谁，也不是一个组织。因此，我们以"主题项目"称呼它，并且将在第三章中探讨这种自组织的"群"模式中"@"和"#"的传播和动员潜力。

在"微博打拐"的基础上，我采用扩展案例的方法，囊括"免费午餐""双闪车队"和"温暖衣冬"等进行求同法和求异法的分析比较。这四个案例是本研究的核心案例。此外，为了进行论述，研究还考察了"科学松鼠会""大爱清尘""壹基金""让候鸟飞""糖公益"等公益项目，分析其组织方式和对媒体的使用（见附录A）。针对上述核心案例，研究采用"滚雪球"的方式对公益活动的参与者、发起人、领导者，相关政策制定者、微媒体领域相关项目从业者等共计31名受访对象进行半个小时到三个小时的深度访谈。由于交通成本的限制，对部分在外地的参与者我采用视频聊天的方式，但全部都保证是"面对面"的交流状态。除了31份深度访谈之外，研究还通过观察聊天室和线上群体、发送电子邮件等多种渠道，收集了大量的质性资料。由于该项研究是基础性研究，几乎没有现成的实证数据可以查询，以"滚雪球"的方式选取研究对象也只是折中利弊的权宜之计，尽管其代表性有待商榷，但由于质性资料的用途多在于阐释而少在于描述，因此可以被接受。

2. 半结构式访谈设计

采用半结构式访谈有助于在保证研究问题得到回答的同时深度发掘被采访对象的深层感受、态度和意愿。由于公益项目的领导者和公益项目的参与者之间的差异是研究的一个重点，因此针对这一区分制作两份半结构式访谈问卷。（半结构式访谈提纲见附录C和附录D）

半结构式访谈问卷关注的主要问题有移动媒体的使用情况、在公益参与活动中如何使用社交媒体和移动媒体等与媒体相关的部分。此外，参与者个体的公益参与动机，以及公益参与过程中的互动体验、参与体验、公益透明度对于公益参与意愿的影响等，是针对个体的行动和感受的访谈提纲。

针对公益项目的发起人和领导者的问卷访谈，除了上述内容之外，还补充了项目管理与政府政策之间关系的描述，以及对项目发起初期和项目组织状况的描述。另外，本研究的核心问题之一，即媒体的不同特色是否以及如何影响公益活动的自组织结构，也是访谈的重要部分。这些质性资料将会与量化研究形成有趣且极富成效的对话。

3. 访谈资料与问卷资料的对话

在行文过程中，访谈资料可以有效地对数据分析资料作出解释和补充说明。例如，对"移动化的社会媒体使用增强参与度体验"这样的假设进行检验，这个假设背后的理论都有不止一环的因果关系：移动化的使用将人们重新释放到"在场"的现实空间中，面对面的交流能够带来传统意义上社会资本的上升，进而增加了人们在公众参与过程中的互动体验，即"移动—社会资本—互动体验"的关系链条，其中的每一个步骤都需要检验；但是证伪则只需要检验"移动—互动体验"这一组关系。由于社会现象繁杂，因此需要采用多种解释方式：个性解释用于特定历史事件、日常现象、涉及主观动机的个人行为；共性解释中应用最为广泛的是演绎理论和功能理论。个性解释可满足可检验性与概括性的需要，却难以将社会现象概括为普遍规律；相比而言，共性解释能够有效地对社会现象进行概括，但是饱受为现存制度辩护的批判（袁方，2013：66~67）。

形成个性解释与共性分析的穿梭，需要个性解释具有代表性和典型性。研究的整体架构以理论假设的基础结构为骨架，探讨媒体与公众参与度之间的回归关系，以及媒体各偏向与公众参与各模式之间的相互关系；在此基础上，通过质性资料对数据发现进行补充和说明。

三、本章小结

第二章的目的有两个：一是论证为什么选择公益与慈善行动作为研究的经验对象，来回答赛尔媒体对公众参与组织机制的影响这个核心研究问题；二是解释如何观察和分析这个经验对象，也就是研究方法的问题。

横向地看，公益、慈善、第三部门、非政府组织、基金会等都是公益活动的组织形式，梳理这些相关概念有助于厘清研究的边界。相较于"慈善"而言，"公益"所指的范围更广、社会性更强，更注重长远的效果。如果在微博上捐款 3 元帮助山区小孩吃一顿午餐是一种慈善行为，那么把这种爱心行为组织化、制度化、平台化，形成"免费午餐"主题活动，甚至撬动国家层面出台"山区儿童营养改善计划"，就是成为一项公益活动。在互联网条件下，公益和慈善的边界逐渐模糊，所以我们取广义的公益含义，则公益活动包括慈善行为。

纵向地看，我们把公益和慈善行动放到"大历史"中，找出影响公益行动的组织和动员的因素。社会总体状况及"国家—社会"关系是公益发展的重要权力空间。在此空间中，我们讨论了媒体、宗教和社会资本这三个影响因素，并对相关研究进行梳理。其中最重要的一个概念是社会资本，它是衡量公众参与质量的一个重要标准，也是影响公众参与意愿的一个重要变量，还是衡量公益活动中组织结构的一个构念工具。"概念化及测量"的部分，进一步交待了社会资本的概念建构及测量方式。

本章第二节交待全书的研究设计与研究方法的具体实施计划。本研究采取了三种方法收集经验数据：第一是自填式调查问卷，第二是深度访谈，第三是以代表性案例为基础、基于互联网络的参与观察与案例分析。案例分析的结果穿插在后续第三章至第五章的论证过程中。

调查问卷主要针对五个核心概念、八个控制变量进行测量。五个核心概念是赛尔媒体的近用、公众参与（包括参与度和互动度两个维度）、社会资本（包括联结型社会资本和黏合型社会资本两个维度）、公益透明度感知和公益的有效性感知。控制变量包括互联网技能、性别、年龄、就业状况、户口、教育程度、收入状况、宗教信仰。本章还通过控制变量的描述性分析考察了样本的分布情况，以及它们分别与公众参与度的相关关系。

本章参考文献

布东. 社会学方法 [M]. 黄建华译. 上海：上海人民出版社,1987.

陈向明. 社会科学质的研究 [M]. 台北：五南图书出版股份有限公司,2002.

黄仁宇. 中国大历史 [M]. 北京：生活・读书・新知三联书店, 1997.

柯文. 历史三调：作为事件、经历和神话的义和团 [M]. 北京：社会科学文献出版社,2015.

李若木，周娜. 宗教与公益活动：一个实证研究 [J]. 世界宗教文化,2012(2):39~48.

刘继同. 慈善、公益、保障、福利事业与国家职能角色的战略定位 [J]. 南京社会科学,2010. (01):91~96.

罗家德，陈晓萍. 组织社会资本的分类与测量 [M]// 陈晓萍（编）. 组织与管理研究的实证方法（第2版）. 北京：北京大学出版社,2012.

马克思. 马克思恩格斯全集(第九卷) [M]. 中央编译局译. 北京：人民出版社,1961.

马晓荔，张健康. 公益传播现状及发展前景 [J]. 当代传播,2005 (3): 23~25.

帕特南. 独自打保龄 [M]. 刘波 等译. 北京：北京大学出版社 ,2011.

秦晖. 政府与企业以外的现代化：中西公益事业史比较研究 [M]. 杭州：浙江人民
　　出版社 ,1999.

孙立平 , 晋军 , 何江穗. 动员与参与：第三部门募捐机制个案研究 [M]. 杭州：浙
　　江人民出版社 ,1999.

托克维尔. 论美国的民主 [M]. 北京：人民日报出版社 ,1989.

吉特林. 新左派运动的媒介镜像 [M]. 北京：华夏出版社 ,2007.

王秀丽. 微行大益：社会化媒体时代的公益变革与实战 [M]. 北京：北京大学出
　　版社 ,2013.

王颖. 我国网络媒介中的公益传播现象研究 [D]. 成都：成都理工大学出版
　　社 ,2010.

王炎龙 , 李京丽 , 刘晶. 公益传播四维框架的构建和阐释 [J]. 新闻界 ,2009.(8):18~20.

邢婷婷. 公益组织的宗教背景与组织有效性 [D]. 上海：复旦大学出版社 ,2013.

杨国斌 , 邓燕华. 连线力：中国网民在行动 [M]. 桂林：广西师范大学出版社 ,2013.

袁方. 社会研究方法 [M]. 北京：北京大学出版社 ,2013.

曾繁旭. 表达的力量：当中国公益组织遇上媒体 [M]. 上海：上海三联书店 ,2012.

资中筠. 财富的责任与资本主义演变 [M]. 上海：上海三联书店 ,2015.

赵秀梅. 中国 NGO 对政府的策略：一个初步考察 [J]. 开放时代 ,2004(6):5~23.

赵华. 中国互联网公益传播模式初探 [D]. 兰州：兰州大学出版社 ,2012.

中国互联网信息中心. 2014. 第 33 次中国互联网络发展状况统计报告 [RO/OL].
　　http://cnnic.net/hlwfzyj/hlwxzbg/hlwtjbg/201403/t20140305_46240.htm.2014-
　　03-05[2019-09-01].

Adler P, Kwon S. 2002. Social Capital: Prospects for A New Concept[J]. Academy of
　　Management Review, 27:17-40.

Babbie E. 2007. The Practice of Social Research, 11th edition [M]. Belmont, CA:
　　Thomson Wadsworth.

Bian Y. 2002. Chinese Social Stratification and Social Mobility[J]. Annual Review of
　　Sociology, (28): 91-116.

Bimber B A, Flanagin A J, Stohl C. 2012. Collective Action in Organizations:Interaction and Engagement in An Era of Technological Change[M]. New York: Cambridge University Press.

Bourdieu P. 1977. Outline of A Theory of Practice[M]. Cambridge, England: Cambridge University Press.

Bourdieu P. 1984. Distinction: A Social Critique of the Judgment of Taste[M]. Cambridge: Harvard University Press.

Bourdieu P. 1986. The Forms of Social Capital: Handbook of Theory and Research for the Sociology of Education[M]. Westport. CT: Greenwood Press.

Burt R. 1992. Structural Holes: The Social Structure of Competition[M]. Cambridge: Harvard University Press.

Callahan K. 2007. Citizen Participation: Models and Methods[J]. International Journal of Public Administration, 30(11), 1179–1196.

Carey J. 1989. Communication as Culture: Essays on Media and Society[M]. Hove, East Sussex: Psychology Press.

Carr S, Francis M, Rivlin L G, Stone A M. 1992. Public Spaces[M]. Cambridge: Cambridge University Press.

Coleman J. 1990. Foundations of social Theory[M]. Cambridge: Harvard University Press.

Ellison N B, Vitak J, Gray, R, Lampe C. 2014. Cultivating Social Resourves on Social Network Sites: Facebook Relationship Maintenance Behaviors and Their Role in Social Capital Processes [J]. Journal of Computer-mediated Communication, 19(4), 855–870.

Evans J H. 1997. Multi-Organizational Fields and Social Movement Organization Frame Content: The Religious Fro-Choice Movement[J]. Sociological Inquiry, 67(4), 451–469.

Frumkin P. 2006. Strategic Giving: The Art and Science of Philanthropy[M]. IL:University Of Chicago Press.

Granovetter M S. 1973. The Strength of Weak Ties[J]. American Journal of Sociology, 78:1369-1380.

Hanifan L J. 1916. The Rural School Communicaty Center[J]. Annals of the American Academy of Political and Social Science (67):130-138.

Honaker J. 2010. What to Do about Missing Values in Time Series Cross-Section Data[J]. American Journal of Political Science,54(3) :561-581.

Kaplan A M, Haenlein M. 2010. Users of the World, Unite! The Challenges and Opportunities of Social Media[J]. Business Horizons,53:59-68.

King R A, Schwab-Stone M, Flisher A J, Greenwald S, Kramer R A, Goodman S H, ... & Gould M S 2001. Psychosocial and Risk Behavior Correlates of Youth Suicide Attempts and Suicidal Ideation[J]. Journal of the American Academy of Child & Adolescent Psychiatry, 40(7), 837-846.

Kramer R M, Tyler T R. 1989. Trust in Organizations[M]. Thousand Oaks, CA: SAGE Publications: 261-287.

Levitt T. 1973. The Third Sector: New Tactics for a Responsive Society[M]. New York: AMACOM.

Lofland J, Snow L D, Anderson et al. 2006. Analyzing Social Settings: a Guide to Qualitative Observation and Analysis (4th ed) [M]. Belmont, CA: Wadsworth Publishing.

Loury G A. 1977. Dynamic Theory of Racial Income Differences [M] // Wallace P A, La Monde A, Women, Minorities, and Employment Discrimination. Lexington, MA: Lexington Books.

Meyrowitz J. 1986. No Sense of Place: The Impact of Electronic Media on Social Behavior [M]. Oxford: Oxford University Press.

Mishra A K. 1995. Organizational Responses to Crisis: The Centrality of Trust [M] // Kramer R M, Tyler T R, Trust in Organizations[M] .Thousand Oaks, CA: SAGE Publications,261-287.

Nahapiet J, Ghoshal S. 1998. Social Capital, Intellectual Capital and the Organizational

Advantage[J]. Academy of Management Review, 23:242-266.

Putnam R D. 1995. Tuning In, Tuning Out: The Strange Disappearance of Social Capital in America[J]. Political Science & Politics,28(4), 664-684.

Putnam R. 2001. Bowling Alone: the Collapse and Revival of American Community [M]. New York: Simon and Schuster.

Schafer J L, Yucel R M. 2002. Computational Strategies for Multivariate Linear Mixed-Effects Models with Missing Values[J]. Journal of Computational & Graphical Statistics, 11(2): 437-457.

Schlesinger P. 1989. Rethinking the Sociology of Journalism: Source Strategies and the Limits of Media Centrism [M] // Ferguson M. Public Communication: the New Imperatives. London: Sage: 61-84.

Schor J. 2000. Civic Engagement and Working Hours: do Americans Really Have more Free Time than Ever Before?" [M]// Golden L, Figart D M. Working Time, Overworked and Underemployment: Trends, Theory and Policy Perspectives. London: Routledge.

Uphoff N. 2000. Understanding Social Capital:Learning from the Analysis and Experience of Participation [M] // Dasgupta P, Serageldin I (eds.). Social Capital: A Multifaceted Perspective. Washington, D C: The World Bank:215-249.

Weber M. 1946. From Max Weber: Essays in Sociology[M]. New York: Oxford University Press.

Williams R. 1983. Culture and Society, 1780-1950 [M]. New York: Columbia University Press.

Weisbrod B A. 1998. To Profit or Not to Profit: The Commercial Transformation of the Nonprofit Sector[M]. Cambrideg: Cambridge University Press.

Walker H A, Rogers L, Thomas G M, Zelditchm 1991. Legitimating Collective Action: Theory and Experimental Results [J]. Research in Politieal Sociology, 5(1):1-25.

第三章　群与圈子：媒介偏向与公众参与的自组织模式

从"随手拍照解救流浪儿童"到"免费午餐"，从"大爱清尘"到"冰桶挑战"，当代公益活动的传播路径、组织模式、公共监督机制等均呈现出革命性特征。相较于此前的群体性行动而言，互联网技术条件下群体行动表现出规模大、参与程度低、组织结构松、持续时间长等特征（Bimber et al.，2012；Bennett，2012；杨国斌，2009；2013）。当代中国的公益行动对互联网的使用，不再局限于信息上网、信息传递，而表现出更加丰富的层次。移动互联网的普及，特别是微博和微信的普遍使用，不仅带来行动调配的媒介渠道多样化，更重要的是带来了媒介技术与公益行动组织之间的互动机制多样化。

尽管以"微公益"概念来描述这类公益形态在学术研究层面尚有争议，信息传播技术是贯穿这类公众参与行动的核心要素却是共识，特别是包括博客、微博、微信在内的社交媒体在公益行动的组织过程中扮演的角色日趋主流，逐渐引起学术研究的关注。在电视的黄金时代，学界生产了大量探讨这一媒介对公众参与（Civic Participation）的文献。互联网渗入公益活动中后，传播学者的研究多沿袭电视时代的思路，关注新兴的公益行动如何有效地使用信息传播媒介，如何与媒体组织互动（师曾志，2009；曾繁旭，2012；王秀丽等，2013；邓飞，2014）。另外，沿袭社会学进路的学者开始探索互联网信息媒介给公益行动在组织层面（沈阳等，2013）或"国家—社会"层面（秦晖，1999；钟智锦等，2014）带来的变革。本章我们主要探讨社交媒体使用与公益行动组织（类组织）模式之间的互动机制。

新兴的信息传播技术（ICTs）贯穿了公众参与行动的动员、组织、传播等诸多环节（Bennett，1998；2012；Bimber et al.，2012）。如果群体行动的动机或结果是出于造福整体而非个人利益，那么这种群体行动就是公众参与。在传播学视域中，对"媒介与群体行动"这一主题的探讨可以上溯至芝加哥大学社会学系朗格夫妇的媒介研究经典文本"芝加哥麦克阿瑟日"（Lang & Lang，1953；1968）。朗格夫妇在麦克阿瑟将军被从太平洋战场召回当天，观察比较了电视观众与非电视观众对欢迎仪式的反应，第一次明确提出了"在场"与"不在场"的区分，进而考察电视媒介对群体行动中行动者的影响。电报这种传播技术，使我们得以维持跨越空间的各种亲密关系，与此同时也建构着这些关系。电报并不能控制个人信息的内容，却具有能够形成个人化信息的作用。（McLuhan & Lapham，1994:256）

埃利森等人的另一项研究关注 Facebook 上的资源调动行为，发现发出动员信息的人具有更高的社会资本，他们更倾向于将社交网络看作是获取信息、获得协作、实现传播的圈子（Ellison et al.，2014a）。

当代中国的公益行动中，"联结型"的逻辑在多大程度上与"黏合型"

的逻辑相区分？二者分别代表了什么样的公益行动组织模式，呈现出什么特点？调查问卷的截面数据为考察行动的组织（类组织）模式提供静态的数据。

社会资本是一个具有包容性的概念，不仅可以用于衡量和区别组织内与社会范围内的联系状况，也可以用于描述组织的方式和社会信任程度。社会资本指人与人之间的相互关系，以及由此产生的互利互惠和相互信赖的规范（Putnam，2001:7）。人与人之间的相互关系是社会资本的基础，这种关系的连接方式在社会化媒体环境中正在发生改变。社会网络分析中大量文献对社会化媒体带来的人际关系变迁进行探讨（Ellison et al.，2014；罗家德等，2013；罗家德，2008）。帕特南（Putnam，1995；2001）认为，通过社区建设和"去电视化"的公民互动，社区的普遍信任得以增强，互利互惠机制得以强化，而这正是民众协商的坚实基础。他进一步将社会资本分为"联结型社会资本"（Bridging Social Capital）和"黏合型社会资本"（Bonding Social Capital）。吉特尔和维达尔（Gittel & Vidal，1998）也做出过类似的区分，并将之命名为兼容性（Inclusive）社会资本和排他性（Exclusive）社会资本。黏合型社会资本被比喻为社会的超级强力胶，创造出组织内部的忠诚感，有助于加强特定的互惠原则和成员团结，但有可能导致成员对外界的敌意。联结型社会资本可以产生出更加广泛的互惠原则，黏合型社会资本则可能使得人们局限在自己的小圈子里（Putnam，2001）。格兰诺维特（Granovetter.，1973）提出"强关系"（Strong Ties）和"弱关系"（Weak Ties）对社会关系进行二分，发现后者比前者更有利于信息和资源的流通。那么，对于公益行动的组织而言，遍在化的媒介中介之后的行动者之间又形成了怎样的连接状态？

调查问卷的截面数据为考察行动的组织（类组织）模式提供了静态

的数据。联结型社会资本的测量采用李克特五点量表进行，包括 8 个测量题项。黏合型社会资本的测量同样采用李克特五点量表的方式进行，8 个题项的分值总和就是强关系的组织方式的取值（测量题项详见第二章第二节"概念化及测量"部分）。本章的主要问题是：当代中国的公益行动中，"联结型"的逻辑在多大程度上与"黏合型"的逻辑相区分？二者分别代表了什么样的公益行动组织模式，呈现出什么特点。

巴赫等（Bach et al., 2001）在研究东欧转型社会的过程中发现，公民社会使用新兴的信息通信技术导致了组织创新。一项针对荷兰人口的截面研究表明，特定形式的政治网络使用（PIU）与投票行为和政治兴趣相关（Kruikemeier et al., 2013），可以推断，新媒体的其他平台同样也蕴含着有效组织公众的功能。结构层面，伯特和泰勒（Burt & Taylor, 2000）发现，使用新的信息传播技术会导致信息流和社会关系的重组。社会学家卡斯特（Castells, 2000; Castells et al., 2006）认为，被我们称为"连结性行动"的新模型正在晚期现代（late modern）的后工业民主社会中不断显现，正式的组织失去了成员，组织关系正被大规模、流动性的社交网络取代。

由此，本章的逻辑框架如图 3.1 所示。

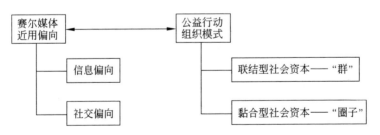

图 3.1　自组织模式的研究框架

相关的差异既表现为方向上的差异（正相关与负相关），也表现为强度上的差异，形成以下关于赛尔媒体偏向与公众参与行动自组织逻辑之间的相关关系假设：

假设 H3_1：赛尔媒体信息偏向近用与联结型社会资本呈显著正相关。

假设 H3_2：赛尔媒体社交偏向近用与黏合型社会资本呈显著正相关。

假设 H3_3：赛尔媒体信息偏向与联结型社会资本相关系数的绝对值大于其与黏合型社会资本的相关系数的绝对值。

假设 H3_4：赛尔媒体社交偏向近用与黏合型社会资本的相关系数的绝对值大于其与联结型社会资本的相关系数的绝对值。

首先，我们需要具体地观察赛尔媒体的技术属性，并结合质化资料分析人们如何使用赛尔媒体。其次，考察赛尔媒体的技术偏向与自组织模式之间是否存在对应关系，以及这些对应关系成立的条件。

一、移动社交媒体的信息偏向与社交偏向

（一）信息偏向和社交偏向

对赛尔媒体的使用可以概括为移动式和社交式两个偏向。在卡普兰与亨莱因（Kaplan & Haenlein, 2010）模型基础上，本研究出本土化修改，在问卷中设计出对社会化媒体近用偏向的 8 个测量题项，并采用验证性因子分析对这 8 个测量进行因素分析，以 KMO 与 Bartlett 球形检验、主成分萃取、最大变异转轴法测试得到两个因子，KMO 值 0.873，达到适中（Middling）程度并且接近良好（Meritorious）。（Bartlett Chi Square=1865.623，df=0.228, Sig.=0.000）。旋转后因子矩阵和各因子得分见

表 3.1。

表 3.1　赛尔媒体"信息—社交"偏向的因子分析

	旋转后成分矩阵 Rotated Component Matrix		成分协方差矩阵 Component Score Coefficient Matrix	
	因子 1	因子 2	因子 1	因子 2
SNS_6 联系参与者	0.830	0.229	0.233	−0.014
SNS_7 交流讨论	0.829	0.234	0.423	−0.213
SNS_8 支持偶像	0.663	0.259	0.420	−0.209
SNS_5 协调行动	0.632	0.361	0.302	−0.110
SNS_4 自我展示	0.590	0.427	0.175	0.059
SNS_1 收发信息	0.241	0.822	−0.238	0.541
SNS_2 存储／记录	0.265	0.775	−0.200	0.493
SNS_3 引起关注	0.342	0.703	−0.116	0.398

Extraction Method: Principal Component Analysis.

Rotation Method: Varimax with Kaiser Normalization.

因子 1：社交偏向；因子 2：信息偏向

　　萃取结果与卡普兰的理论构想相契合。因此，根据其理论我们将萃取出的因子 1 命名为社交偏向，将因子 2 命名为信息偏向。社交偏向（Social-Biased）指以建立与维护社会关系为目的的社会化媒体使用偏好，包括与其他公众参与者联系、交流讨论、支持偶像、协调行动和自我展示；其中，"自我经历展示"和"支持喜爱的名人"通过自我暴露和建立想象关系的方式建立和储存社会联系。信息偏向（Info-Biased）是指发布／获取、存储／记录、倡导和引起关注。两个因子共同解释63.307% 的方差变化。

　　微博具有较明显的信息偏向，而微信作为较为封闭的技术设计表现出较强的社交偏向。

　　采用"信息—社交"维度提炼基于互联网平台的社会化媒体的属性，

而不是进行细致的分类，是因为：一方面，从 2007 年中国大陆第一个微博客平台"饭否"到 2010 年"新浪微博"一统全局，从 1998 年腾讯推出在线通信工具，到 QQ 登录移动终端，再到 2012 年腾讯推出微信，实则是一种人们在互联网时代的沟通方式的革命；这如果发生在一个公司的内部，那么就是一种"自我革命"（马化腾，2013）的勇气。创新是社会化媒体技术领域的普遍现象，更是科技公司维持生命力的必然选择。归类各类社会化媒体的研究，必然因滞后拖沓而失去解释力度。从各类媒介技术的现象的"万变"中提炼出"不变"的基本的属性，一定程度上才能够保证概念体系的解释力。接下来本研究将进一步运用简练的"信息—社交"二维度框架来研究公众参与的移动性、公众参与组织结构、公共监督调节作用之间的关系。另一方面，"信息—社交"这个二分的概念体系中，还暗含了一个假设：与媒介学派所强调媒介力量相比较而言，"信息—社交"偏向同时也是根据交流场景和交往需要进行主观选择的结果。例如，承担微博打拐核心志愿者工作的小龙卸载了微信的"朋友圈"功能，他的赛尔媒体使用是以发布接受咨询、工作协调为主，呈现高度的"信息偏向"。

进一步说，对社交因子和信息因子的理解可以从个体使用偏好和媒介自身属性两个方面切入。例如，"免费午餐"发起人、调查记者邓飞曾这样描述"微博"和"微信"在公益活动开展过程中的使用：

> 微博是一片大海，是陌生人社会，我们发出倡导收获各类资源；而微信是一个加工厂，我们把志同道合者拉进微信群，变成伙伴落实合作，帮助我们细致加工。
>
> （邓飞，2014：232）

公益项目在依靠赛尔媒体展开传播的过程中，应该对这两种传播偏向引起足够的重视，在尊重差异的基础上各取所长，融会贯通。

现在我们的公益组织，就是把微博的优势和微信的优势运用起来，微博更像社会化媒体，微信更像是社交网络，这是两个差异性媒体。社交网络讲究诚信度更好，因为我们是朋友；微信讲究的是扩散得更快，你放大之后就会有人进来。

贝晓超，北京，2014 年 3 月

（我）个人对不论是微博还是微信的使用，自律性比较强，工作和阅读的时候可以保证不用来娱乐。而且我卸载了微信的朋友圈，看那些信息（自我展示类信息）太耗时间。

小龙，北京，2014 年 2 月

（二）移动度与媒介偏向的相关分析

移动媒体的使用表现出新的用户行为特征，比如公众参与协同行动中的"微协调"（Micro-Cordination）和"即时信息获取"（just-in-minute information）。移动度的含义主要涉及两个方面，一是通过移动化的终端获取公众参与相关的信息；二是通过移动化的媒介参与到公共事务中来。前一种情况在第二章第二节中已经通过数据得以验证。对移动性的测量，没有成熟的量表供引用，因此作为一个试探性的研究，本研究初步通过移动使用时长、移动使用内容和移动使用频率三个方面，分别将这三个因素通过求比的方式去掉统计单位然后进行求和，得到测量每一个调查对象的媒介使用的移动性的公式（式 3.1）。

$$M = \frac{F_m}{\sum F} + \frac{T_m}{\sum T} + \frac{I_m}{\sum I} \tag{3.1}$$

其中，每一项依次对应移动近用的信息、时长和频次三个方面，在移动性公式中分别用 Mt、Mi 和 Mf 表示。因此，移动性的测量公式也可以表述为式 3.2：

$$M=Mi+Mt+Mf \qquad (3.2)$$

对移动性 M 进行描述性统计，M 的最小值 Min=0.90，最大值 Max=27.0，均值 Mean=3.05，标准差 Std.=2.38。相应地我们分别报告移动性三个测量维度的描述统计数据，移动近用信息 Mi（Min=0.00, Max=1, Mean=0.4111, Std.=0.183, N=550）；移动近用时长 Mt（Min=0.00, Max=1, Mean=0.4214, Std. =0.154, N=554）；移动近用频度 Mf（Min=0.21, Max=0.54, Mean=0.3773, Std.=0.0467, N=555）。

"移动度"与"信息—社交"两个因子的相关关系是研究框架（图 1.1）所隐含的逻辑关系，由此可以进一步检验赛尔媒体两个偏向与移动性之间的相关性。由于社交偏向因子、信息偏向因子和移动性三个变量均属于连续变量，因而采用积差相关（Product-moment correlation）检验相关性，相关系数如表 3.2 所示。

表 3.2　移动化与媒介偏向的相关矩阵

	移动度 / 渗透度	社交偏向（因子 1）	信息偏向（因子 2）
移动度 / 渗透度	1.000		
社交偏向（因子 1）	0.206[**] (R^2=0.0424)	1.000	0.000
信息偏向（因子 2）	0.191[**] (R^2=0.0365)	0.000 (R^2=0.0000)	1.000

**$p<0.01$，括号内为决定系数

由上述分析可以看出，尽管移动度与社交偏向、信息偏向均为低度相关（$r<0.40$），不过仍然可以看出移动性与社交偏向的相关系数略大于其与信息偏向的相关系数。简单来说，赛尔媒体的移动属性与社交偏向和信息偏向的相关程度一致。在此基础上，研究从数据的角度验证研

究框架中通过移动和偏向分析赛尔媒体这一建构的信度和效度。

对社交偏向的移动化使用的具体方式有多种，其中"协调行动"和"自我经历展示"是具有移动化特色的方式。协调行动是移动通信技术对公众参与体验带来的功能特征，以手机为代表的移动终端具备互联网连接功能，使该能力得到进一步普及与创新。区别于点对面的参与动员方式，赛尔媒体兼具点对点和点对面的灵活性，从而辅助公共事务的行动者（actor）完成"在场"情况下的行动"微协调"（Micro-coordination）。"实时对讲"功能在"双闪车队"的活动中得到了广泛运用，而且在使用过程中还不断完善和创新使用的方法。据"双闪车队"第二任"领队"顾先远描述，在历次北京灾害的救援行动中，"双闪车队"的队员们均通过实时的沟通以确定行动顺利执行。在2011年北京"7·21"暴雨灾害中，"双闪队员"在微博上看到号召私家车主"打开双闪"帮助市民的英雄帖之后，通过手机通信、微博私聊、官微账号实时更新三方辅助的方式实现互动，效率较低。2014年春北京"初雪"时，他们已经通过微信群、微博关注等多种方式形成了赛尔媒体组织，因此双闪队员在短时间的集结中迅速出动到北京首都国际机场免费运送滞留乘客，这次救援活动的执行几乎全部依靠微信"实时对讲"功能完成。

> 用实时对讲，出任务的队员随时通气儿，保证安全，也可提高效率。当晚出任务的队员都加入一个临时的群，比如我拉的乘客最远，得仨小时才能回来（首都机场）。但是在那里头一讲，大家都知道我到哪儿了，我也能掌握机场滞留的情况。其他队员也一样，有事随时商量，而且大半夜里，大家有个联系。
>
> 顾先远，北京，2014

"协调行动"功能多采用语音的方式，其他时候多采用文字的方式。微信、米聊、YY语音等赛尔媒体软终端的使用受公众参与项目的时效因素影响，而且对时间维度也产生反作用。

社交属性的另一个方式是自我经历的展示，例如由上海公益事业发展基金会举办的年度公募活动"一个鸡蛋的暴走"，从2011年以来影响力和参与规模逐渐上升，其活动设计中巧妙嵌入了大量具有创意的展板、纪念品、暴走路线选择等元素，促成参与者随手拍照和手机定位合成符合"赛尔媒体"传播逻辑的微内容，挖掘了在场的参与者推进赛尔媒体平台上的人际传播。

翁（Ong, 1958；1982）将口语文化和书面文化区别开，他认为文字对人类文明具有格式改造的影响：文字出现之后的口语表达，与文字出现之前的口语相比，已经不再相同。类似的，在移动可交互的传播媒介被普遍采纳之后，公众参与将原子化个体组织起来的方式也与之前的方式发生了根本性的变化。即使同样是"在场"的状态中，处于同一时间、同一地点的个体，其交流方式也不再由在场的空间限定。这种时空的规制松动，在"协调行动"的技术使用过程中，表现为人群以还原"口语交流"的方式重新构筑了一个超越地点的"地点空间"。在这个超地点的地点空间中，如果以"第一在场"来衡量，那么这种新的在场需要以任务导向和压缩时间为条件。也就是说，在任务导向、时间压缩的条件下，"第二在场"将会出现与"第一在场"类似的组织特征。

简单来说，本章第一节的主要研究发现有以下两个。

（1）移动社交媒体（赛尔媒体的技术层面）含有信息和社交两个面向。信息面向中最主要的功能是微协调，社交面向的主要功能包括微协调和自我展示。信息与社交这两个媒介偏向，既是信息技术自身的属性，又是行为主体能动地"驯化"的结果。

（2）"移动"的属性同时与信息面向和社交面向相关。移动确实能够为公众参与行动者的"在场"交流提供技术便利，不过这种基于赛尔媒体的在场的交流状态的发生有一定的条件：明确的任务导向和时间压力。

二、媒介偏向与公益行动的两种自组织逻辑

为了清晰而简洁地呈现数据，我们首先将"群"与"圈子"的数据处理结果同时呈现，然后再结合质性资料分节具体讨论研究发现和意义。

（一）两种组织方式的数据分析

研究使用 SPSS 22.0 对调查数据进行处理。第一步，考虑纳入人口统计变量、互联网技能控制变量，以对信息偏向和社交偏向的媒介近用作为自变量，以联结型社会资本和黏合型社会资本分别作为因变量分别进行线性回归统计分析，结果整合如表 3.3 所示。

表 3.3　联结型社会资本和黏合型社会资本的线性回归总表

预测变量	黏合型社会资本		联结型社会资本	
	β	T 值	β	T 值
B	7.233	3.070	9.593**	3.098
信息偏向的媒介近用	—	—	0.965***	9.246
社交偏向的媒介近用	1.030***	22.314	—	—
互联网技能	0.149***	0.041	0.218***	4.058
性别	−0.205	−0.611	0.522	0.602
年龄	0.026	1.214	0.058	2.104
教育程度	−0.143	−1.210	0.012	0.076
职业	−0.273	−0.866	−0.347	−0.845
收入	0.200	1.187	0.072	0.326

N=555. ***p<0.001; **p<0.01; *p<0.05. 虚拟变量编码女性 =0，男性 =1.

第二步，采用积差相关（即皮尔逊相关）统计方法检测联结型社会

资本、黏合型社会资本、赛尔媒体社交偏向（因子1）、赛尔媒体信息偏向（因子2）之间的相关关系（见表3.4）。

表3.4　媒介偏向与社会资本相关关系

	联结型社会资本	黏合型社会资本	社交偏向（因子1）	信息偏向（因子2）
联结型社会资本	1	0.519***	0.384***	0.317***
黏合型社会资本		1	0.493***	0.438***

Pearson 相关，***$P < 0.001$，双尾 t 检验，$N=555$

积差相关分析显示，赛尔媒体社交偏向与黏合型社会资本的相关性（0.493），大于赛尔媒体社交偏向与联结型社会资本的相关性（0.384），支持原假设 H2。但是，赛尔媒体信息偏向（因子2）与黏合型社会资本的相关关系（0.438），同样大于赛尔媒体信息偏向与联结型社会资本的相关性（0.317），因此，原假设1、假设2、假设4得以支持，数据不支持原假设3。

第三步，考虑到"互联网技术能力"变量对媒介使用的偏向和社会资本同样具有解释力，因此，将技术能力变量纳入相关模型求社交媒体使用与社会资本形态之间的偏相关分析，数据如表3.6所示。

表3.5　控制互联网技能后媒介近用与社会资本的偏相关关系

	联结型社会资本	黏合型社会资本	社交偏向（因子1）	信息偏向（因子2）
联结型社会资本	1		0.422***	0.374***
黏合型社会资本		1	0.695***	0.503***

Pearson 相关，控制变量"互联网技能"，$p < 0.001$，双尾 t 检验，$N=555$

将互联网技能纳入偏相关模型后，统计结果显示，社交偏向的媒介使用与黏合型社会资本高度相关，强于其与联结型社会资本的相关系数。但与此同时，信息偏向的媒介使用也呈现出与黏合型社会资本的中度相关，强于其与联结型社会资本的相关程度。

　　散点图常用于呈现相关强度的差异，具有直观、明晰的优点。图 3.2 和图 3.3 表示社交偏向的媒介使用与黏合型社会资本的相关关系，由图可以看出，社交偏向与封闭排外、高度信任和互利互惠的组织机制高度相关，我们将这种以黏合型社会资本的积累及其作用为主的行动组织形态称为"圈子"。与之相对应的，图 3.3 表示信息偏向的媒介使用与联结型社会资本的相关强度相对较弱，我们将这种以社会普遍信任与互利

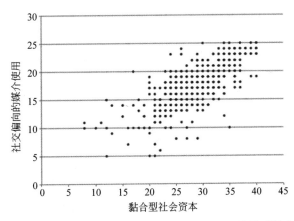

图 3.2　社交偏向与黏合型社会资本（圈子）相关关系散点图

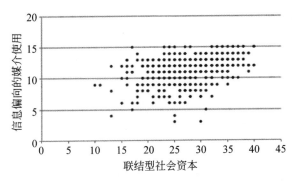

图 3.3　信息偏向与联结型社会资本（群）相关关系散点图

互惠的社会资本积累为主的组织形态称为"群"。

互联网媒体社交偏向和信息偏向都会同时带来黏合型社会资本和联结型社会资本，而且均表现出与黏合型社会资本更强的相关性。总的来说，现阶段中国的公益活动具有特殊性。研究假设主要来源于对西方既有研究结果的演绎，因此对中国公益行动的规律不能完全解释，是意料之外、却也在情理之中的。这些特殊性包括①中国的公益群体行动的兴盛与中国互联网的普及在时间上具有同步性，这与西方的时间序列顺序形成对照。②中国的群体性行动的组织结构和方式受到"关系文化"的影响。③中国公益行动的"国家—社会"空间相对较窄，因此资源的获取、政治集会的把握尚且对黏合型社会资本有较强的依赖（赵鼎新，2005；曾繁旭等，2014）。

当下中国的公益传播环境中，"圈子"自组织逻辑基于中国文化中根深蒂固的"关系"文化而具有较强的生命力；相较而言，新生的"群"逻辑已经表现出一定时间段内的截面数据的显著性，但是并不足以完全地取代和更新固有的"圈子"逻辑对公益公众参与行动组织模式的嵌入和渗透。那么，"群"和"圈子"两种组织机制更具有什么特征？从媒介社会学的角度切入，这两种组织机制对公益活动的组织、公众参与行动的开展又具有什么启示意义？

（二）圈子：社交偏向的自组织逻辑

"圈子"（Clique）逻辑根植于既有的亲缘、地缘、利益和兴趣等"强关系"（Strong ties）。与传统强关系相对应的认同（Identity）是圈子逻辑的生长原点，社交互动是圈子的结构基础。

首先，"圈子"组织逻辑以强关系为基础，在组织形态上表现出闭合、稳定、互动频繁、成员同质化等特点。因此,"圈子"框架有利于黏合型社会资本的积累。韦氏词典对"圈子"(Clique)的定义是"狭窄排外的群体或小团体,其内部成员享有共同的目标、观点和利益"。圈子也可以理解为小团体和较为封闭的组织。

圈子的利益界定范围较小,相对排外,而"群"的利益界定相对广泛。例如,基于互联网站于 2007 年建立的"宝贝回家"内部运作有一个隐秘的规则,要求寻子家长如果希望获取宝贝回家提供的帮助,就不可以与"微博打拐"取得合作联系。此外,圈子内部的同质化比较明显。例如,在微博打拐的实际工作中存在"核心志愿者"和"外围志愿者"的区分。核心志愿者之间大多用网络在线聊天室等社交偏向较强的方式交流互动。深访中,"核心志愿者"成员之一这样描述他们之间的关系:圈子一旦形成,自组织中的互动内容就表现出群体行动主题的"外溢",具体而言,就是从以任务为导向的工具主义向以情感为导向的仪式化传播的溢出,现有的社会区隔在情感导向的传播中得到固化。

其次,"圈子"逻辑不仅没有稀释、反而强化了固有的社会阶层分割和组织边界,这一固定社会区隔的过程与赛尔媒体的"社交偏向"相互促进。格兰诺维特(Granovetter,1973)发现,在"强关系"网络中,人与人之间彼此熟悉、充满信任、情感牢固,但是强关系圈也正是架构在冗余和有限的信息传播的基础之上。巴拉巴西(Barabási,2002)认为过度依赖强连接的人大多比较孤立,无法取得有价值的资讯因而很难对现有生活状况带来改善。而且,穷人对强连接的依赖程度显著高于富人或中等收入的群体。

最后,"圈子"逻辑的生长以认同(identity)而不是以"赛尔媒体事件"为原点。"认同"是网络社会的意义的来源,卡斯特(Castells,2009)

认为群体行动生成的"抗争性认同"（Resistance Identity）在网络社会语境中逐渐发酵成为"投射性认同"（Project Identity），对现存的民族国家造成威胁。在公众参与中，认同更多地以利益共同体、信仰共同体的方式存在，也会受到具体的现实社会界限（特别是语言、地缘和血缘）的影响。例如，为孤寡老人表演话剧的敬老公益组织"十二邻"，必须依托丰厚的青年艺术资源，以及养老社区在观念、政策上的普及，只有上海这样的国际化大都市才具备这些地缘条件。亲缘、地缘等相对隔离的属性，导致认同感的增强，互动方式从沟通信息向情感互动、价值共享发展，从而为强社交互动的圈子逻辑奠定了充分条件。基于"认同"而形成的公益行动组织，人员的流动性较弱，跨平台可能性低，活动供复制和模仿的可能性也相对较低。

　　群和圈子两种组织样态并没有优劣之分，对于公益传播的开展发挥各自的功能。群是较为新颖的样态，而圈子则表现出浓厚的本土文化色彩。群按照互联网超链接、海量存储的逻辑组织和运行，而圈子按照传统乡土社会的"人情法则"（费孝通，2008）在运行。不过产生于互联网信息传播环境中的圈子又具备了一些新的特征。比如，在互联网信息传播环境中，圈子中的基础法则是认同关系，而不是传统的地缘和姻亲关系。

（三）群：信息偏向的自组织逻辑

　　社交媒体形态不仅是技术上的升级换代，更是人类社会面貌和思维方式的革新，使信息传播不断个性化、自组织化，达成了更广泛的信息分享。社交媒体门户网不仅是技术、软件、服务，更是一种理念：以个体及网络社群为中心，彰显个性化，强调信息和思想智慧的分享，提倡在网络社会的平等交往。它带来了以人为核心的传播环境，利用网络发掘其中智慧；它改变了原有的社会关系架构和性质，使得社会"弱关系"作用得到凸显（陈昌凤，仇筠茜，2013）。

从社会网络的角度来看，"群"或者"超级社群"（Mega-communities）正是在信息社会的流动时空中日渐凸显的基于"弱关系"的自组织逻辑。具有赛尔媒体平台传播价值的"赛尔媒体事件"是群逻辑的生长原点，信息流通是"群"的结构基础。首先，"群"组织逻辑是以弱关系（weak ties）为基础的，在组织形态上表现出开放、流动、互动低、成员异质化等特点。"群"框架有利于公众参与行动模式的多样化，有利于"群"内"连接型社会资本"的积累。"免费午餐"等微公益案例表现出典型的"群"特征。邓飞等 500 名记者、国内数十家主流媒体，联合中国社会福利基金会发起"免费午餐"基金公募计划，倡议每天捐赠 3 元为贫困学童提供免费午餐。这种初期以自组织"群"方式开展的公益活动，联合公知群体、国际基金会、社会化媒体、赛尔媒体运营商、企业、政府相关部门（主要是民政部和教育部）形成跨越既有组织区隔的弱关系合作，不仅表现在"有关部门"通过互联网超链接的相互关系，更将之付诸实际群体行动。

其次，"群"逻辑削弱了固有的组织边界，临时性的、伴随化的联合模式成为"群"的中坚基础。模糊边界的过程与赛尔媒体的"信息偏向"相互促进。

美国康奈尔大学教授约翰·克莱因伯格（John Kleinberg）认为，"弱关系"缩小了世界。如果社会化媒体上的好友、点赞、关注等弱关系具有了价值，那么追问什么样的信息通过弱关系传递就非常具有研究意义。群逻辑的到来能够实现各方利益的重叠，实现行动者之间的联系，思考问题角度从"我们对抗他们"（we versus them）到"我和他们"（we and them）的转变，进而重新界定参与规则。基于对包括克林顿、基辛格等100 余位世界领袖的访谈资料，格伦瑟等人（Gerencser et al.，2009）总结出，"超级社群"（mega-communities）成为世界各国政府、企业和非营利组织机构共同应对全球化的挑战时的新框架。例如，在印度，一项旨在控制艾滋传播的项目将百事可乐公司、盖茨基金会、美国公共卫生专家、当地非政府组织、联合国发展项目等多方组织起来，成为项目的合作方；再例如，旨在帮助哈莱姆社区的发展项目得到当地社区团体、世界公司、基金会和小微型企业的联合行动。

刘旻暄是珠海大学"思成大学生精英团体"的负责人，她领导的社团在 2012 年、2013 年度负责开展"女童保护"[1] 项目。在实践过程中，志愿者联系资深公益人对项目开展指导，并且联系大众媒体对公益活动内容进行宣传，通过各类平台的聚合形成关系网络：

> 我们活动最开始的时候第一是在微博上写了长微博，希望获得关注。第二是搜索公益领域相关的人士或者组织，然后私信他们，让他们帮助我们转发。回复的比例还是蛮高的。最初的时候我们关注媒体，回复的几率比较少。但是也有《珠海特区》报的记者，在微博上看到我们的活动比较感兴趣，最后也做了报道。一些公益组织的回复率还是蛮高的。另外我们也搜索在"微博打拐"下面评论的人，我们私信他们，成功率就特别高。
>
> 刘旻暄，珠海，2014 年 3 月

再次，具有创新性、碎片化、引爆点等赛尔媒体传播要素的"赛尔

---

1 该项目是邓飞发起的"微博打拐"项目走向常态化之后打造的若干子项目的一个。而"思成大学生精英团体"是面对社会的称谓，为便于活动开展，该社团对学校内部称"思成筑梦社团"。（访谈资料）

媒体事件"是"群"逻辑开始生长的起点。新媒体事件作为"群"逻辑原点，其实质仍然是"群—信息"的相互关系。2011 年 1 月 25 日，中国社会科学院农村发展研究所教授于建嵘在新浪微博设立"随手拍照解救乞讨儿童"项目，希望借网络力量，寻找那些被拐卖乞讨的儿童。开通的十几天里，就吸引 57 万多名网民参与。一直以来，"打拐"都是政府行为，由公安部门组织；但因为有了微博，"公民打拐"成为现实。技术发展为公民行动提供了广阔的舞台。网友通过街拍的方式上传乞讨者照片，为公安反映拐卖线索，依靠全民的力量打拐。对于网民的打拐热情，时任公安部打拐办主任陈士渠通过微博回应："我会通过微博和大家保持沟通，欢迎提供拐卖犯罪线索。对每一条线索，公安部打拐办都会部署核查。"

最后，"新媒体事件"将公益活动传播推向巅峰，然而在引发争议与讨论之后网络舆论快速进入冷淡期。信息偏向促进群逻辑的自组织表现出对于赛尔媒体事件的依赖，实则不利于公益活动的常态化和专业化发展。"事件性"是媒体传播的一个重要基础，在信息过载情况下"眼球经济"更加鲜明。由于自组织是在自发自愿的前提下得以产生，所以只有博得关注的事件才具备自组的条件。这就带来一个两难问题，本书称之为"公益传播悖论"：一方面，发端于民间的公益活动在完成初步的自组织之后必将迈上专业化和常态化的道路；另一方面，依靠赛尔媒体起家的公众参与项目只有通过不断地制造"事件"——非常态化的议题——才得以维持生命力。在微公益公共项目的组织中，"地球一小时"（Earth 60 minutes）和"壹基金"（One Foundation）的实践是较为妥善处理了公益组织发展"常态化"和公益议题"非常态"化这一组公益传播矛盾的典型案例。

三、流动的群：“随手拍”系列公益的案例分析

“随手拍照解救街边流浪人员”和“随手拍照解救街边乞讨儿童”是“随手拍”系列的两个具有代表性的活动，此外还有“随手拍照解救街边小动物”等活动，它们均盛行于 2011—2013 年。两个活动的共同之处在于，它们都非常依赖智能手机拍照和当时盛行的微博技术。携带了联网手机的个体在地铁口、公交站、路边等地看到需要救助的对象（乞讨儿童和流浪人员）之后，就将他们的照片拍照发布到网上，以期他们能够得到所需要的帮助，包括流浪人员需要的过冬物资，或者帮助疑似被拐卖儿童的乞儿重新找到父母。

2011—2017 年，我分别对这两个案例进行了长期的跟踪，并且几次到志愿者活动的实际地点进行访问。这两个公益项目在大众媒体报道上，早期呈现很强的同质化，基本报道主题都是一种“人人都有麦克风”的新兴的媒介形态，释放了大众参与公益活动的潜力，制造了一个有爱心的社会环境。但是到了中期，大众媒体上的呈现框架有了很大的差异，“随手拍”解救流浪儿童的主题报道量日益增长，但因为涉及儿童肖像权、隐私权、实际救助效果等问题，引起热议，大众媒体和微博大 V 就这一主题发表了大量的评价言论，时至春节，这一社会问题显得尤为突出，最终助推这一活动走向“政府回应”的阶段——公安部在 2012 年年底展开了“打击拐卖妇女儿童犯罪”的专项行动。

相较而言，同样一个系列主题、一个运作平台、同样大 V 热议的“随手拍解救街边流浪人员”的活动就没有这么“幸运”的发展。2012 年12 月我几次到这一活动的志愿者中心开展调查，这一活动的志愿者中心

位于北京南站附近的一间平房内。导致这些"流浪人员"需要救助的原因是他们腊月寒冬无家可归,而他们无家可归的原因尽管究其细节各种各样,但大部分人都有一个共同的身份:上访群众。因为没有办法合理合法地入住酒店和宾馆,又不甘或不敢回到老家,而且他们希望栖身的公共场所(比如火车站)也经常驱逐他们,所以他们才在北京南三四环外的街头露宿。被救助的人虽然不多,但是他们中的年轻人却成了这项活动的"圈子"的中坚力量。他们之间相互熟识和提供帮助,以开展面对面的交流为主。他们寄希望于自己的"冤情"得到肃清,他们寄希望于北京的大大小小的媒体会报道他们的事情,甚至为此自己制作了海报。不过,在我目睹的几次采访中,媒体的记者却都回避了这个事件的实质,而只是"引导"被采访对象讨论收到棉衣棉被之后的心情这类的话题。曾经有一位电视台的记者向我介绍她的工资组成,并介绍说,如果以上访为主题的话,这条新闻就不会被播出,那么她今天一整天就白跑白干了。因此,在研究方法上,我们不能局限于文本分析或内容分析,因为分析媒体文本的最大问题就是,研究者很有可能被误导,不能够看到研究对象的全面情况。比如,活动的组织特征及其运作方式的动态分析。

探讨公民参与和互联网媒体之间相互关系的学术研究基本采用以下三个进路:第一,制度化取向(Institutional Approach)关注作为"公域"和"私域"共同组成部分的民众聚集起来进行公民协商,探讨公共领域的原因、演变和再造(Harbermas, 1991);第二,过程性取向(Processual Approach)认为群体行动既是一个公共空间,也是一个短暂易逝的过程,因此群体行动过程中的仪式、文化变迁、群体性创新、情感、组织结构是研究的关注点(Sewell, 2005; Burst, Vedres and Stark, 2012; Ran, 2014);第三,建构视角(Construction Approach)关注在有限注意力、有限媒体资源、媒体框架的条件下,具备何种特性的议题更容易进入公共领域（Hilgartner & Bosk，1988 Yang，2009）。

对于圈子和群之间的互动关系，本研究采取了第二个取向，即过程性取向来分析。对"随手拍"系列活动而言，虽然活动的"圈子"的异质性很高，但"群"的结构特征却比较容易把握，即符合第二章中人口特征的广大"网友"。不过，从具体的过程分析来看，群与圈子表现出"流动"的特征。

首先，"群"的组织逻辑不仅是人与人之间的联合，更是"群"与"群"之间的连接。2012 年 5 月 16 日，中华社会救助基金会与著名调查记者邓飞签订了关于共同合作设立"微博打拐公益基金"的协议。2013 年 6 月，由于"女童保护"项目的并入，两个项目合二为一，组成"儿童安全公益基金"（简称"儿童安全基金"）。儿童安全基金下设两个项目：微博打拐项目以"救助、关爱被拐妇女儿童"为宗旨，致力于遏制拐卖犯罪；女童保护项目以"普及、提高女童防范意识"为宗旨，致力于保护女童，远离性侵害。在"微博打拐"和"免费午餐"的基础上，包括女童保护、乡村儿童大病医保、"让候鸟飞"等一系列民间微公益项目联合起来；公益项目的参与者包括邓飞、王振耀、张泉灵等各界意见领袖群体，咨询律师和早期提供经济支持的商人促成的群，加上民政部、教育部等相关政府行政单位组成的"群"发展成为二级的"群"，形成了以免费午餐为品牌的一系列公益活动的群之间的联合。

其次，作为公益活动的组织模式，"圈子"的组织模式和人员具有相对的稳定性，但是"群"的组成却是处在快速的替换和迭代过程中。对这个问题的思考可以提升到哲学的层面，与著名的"忒休斯之船"悖论类似。"忒休斯之船"的问题是，如果一艘船在大海上航行几百年，期间不断替换掉所有坏掉的部件，直到所有的材料和部件都不是原来出发的样子，那么这艘船还是不是同一艘船？类似的，以互联网信息技术中介的公众参与组织模式的"群"的逻辑，在不断更新替代的参与公众流转过程中，其形态和宗旨也在不断地调整和变换。正因为有以认同为原点的"圈子"的固定作用，在多维的时间和空间中才保证了一定程度的同一性。如果一个公众参与活动没有核心的圈子内核，那么这个自组织逻辑更多地依赖于事件，一旦热点事件淡下去，这个类组织就随之消失。可见，快速迭代的"群"逻辑也正是参与的地方化空间、情境化空间的边界模糊和空间叠加的结果。

最后，群与圈子形成了动态的博弈过程，群与圈子的边界是流动的状态，而且博弈的过程与公益活动是否进行常态化和组织化的发展趋势相关。圈子和群的博弈，正如同当下中国同时进行中的未完成的现代化与势不可挡的后现代化两股浪潮之间的博弈。网络"众声喧哗"（胡泳，2008）之中，加速的节奏和碎片信息的传播之中，传播的逻辑多少有些唯结果论的意味。眼球经济的早期胜利者将赢下去；而且，在互联网自组织的"群"逻辑中，胜利还是胜利联盟的胜利：有影响力的组织与有影响力的技术相互帮忙，影响累积与交叉之后，形成影响力的团体。

四、本章小结

第三章从中观的组织层面切入，分析了移动互联网及社交媒体等技术的中介对公众参与自组织逻辑的影响，这是本书最为核心的章节。

本章的第一节通过对量化数据的分析，简单来说主要有两个发现：

（1）移动社交媒体（赛尔媒体的技术层面）含有信息和社交两个面向。信息面向中最主要的功能是微协调，社交面向的主要功能是微协调和自我展示。信息与社交这两个媒介偏向，既是信息技术自身的属性，又是行为主体能动地"驯化"的结果。

（2）"移动"的属性，同时与信息面向和社交面向相关。移动确实能够为公众参与行动者的"在场"交流提供技术便利，不过这种基于赛尔媒体的在场的交流状态的发生有一定的条件：明确的任务导向和时间压力。

调查问卷的截面数据只能为考察行动的组织（类组织）模式提供静态的数据。所以，在静态数据的分析基础上，本章第三节通过集中一个案例分析的方式从时间序列的角度进一步分析公益行动的自组织模式。

信息技术的快速迭代从话语和行动层面均影响着公众参与的组织方式。抗争性政治的组织逻辑除了有传统社会动员所关注的认同、阶层、隶属关系为基础的"集体行动"逻辑之外，在当代互联网特别是社交媒体环境下更表现出以去中心化、去阶层，甚至去组织化为特征的"连接型行动"逻辑。（互联网）媒介化的群体行动在西方学术脉络中可上溯至集群行为、社会运动和新社会运动，在新中国可上溯至 20 世纪 90 年代前后（侯钧生，2001；王绍光、何建宇，2004）。中西共有的特征是：宏大叙事主题，基本组织结构是单位、协会、教会等业已存在的实体性组织（赵鼎新，2005；2006）。

互联网信息技术同时影响两种逻辑，"@"的传递力量（Hands，2010）和"连线力"（杨国斌，2013）均是对这种力量的阐释。沈阳等（2013）提出群内、跨群和超群 3 个组织层次，并且界定"群内"包括公益组织与直接捐赠人；在此基础上增加了网民的认同和普及则是"跨群"，以情感作为分析对象；超群主要观察微媒体公益传播与传统媒体的合作关系，以媒体对某个公益议题在时间和空间上的扩展作为分析对象。王京山（2013）认为网络自组织系统具有无中心、复杂、自主演进等特性，可以划分为信息型、关系型、关联型、效用型四种类型。

对参与观察和深度访谈的质性资料进行挖掘的基础上，结论部分将对"群"和"圈子"两种组织机制——前一种以建立在弱关系基础上的信息流通为主要传播渠道；后者以较强的情感联系为传播基础，表现出强社交互动、同质化、组织闭合的趋势——进行更为细致的探讨。

网络公益行动在与媒介组织的互动过程中，需要尊重各类媒介的传播特征，从而有选择、有层次地使用媒体（王秀丽等，2013；展江等，2008；Chadwick，2007）。国内的相关研究普遍将网络行动作为主体，将互联网信息技术视为客体，以此为出发点，研究重点是公益行动组织如何更有效地使用互联网。区别于上述遵循"媒体逻辑"的研究，本章采用中介化与"传播逻辑"的思路，重新审视了信息传播技术、特别是移动化的社交媒体的使用对公众行动的组织逻辑的影响，发现了圈子与群两种自组织逻辑，并用"流动的群"的案例具体分析了两种逻辑相互博弈的过程。

本章参考文献

陈昌凤, 仇筠茜. 微博传播："弱关系"与群体智慧的力量 [J]. 新闻爱好者, 2013(3): 18-20.

邓飞. 免费午餐：柔软改变中国 [M]. 北京：华文出版社 ,2014.

费孝通. 乡土中国 [M]. 北京：人民出版社 ,2008.

侯钧生. 西方社会学理论教程 [M]. 天津：南开大学出版社 ,2001.

胡泳. 众声喧哗：网络时代的个人表达与公共讨论 [M]. 桂林：广西师范大学出版社 ,2008.

罗家德, 孙瑜, 谢朝霞, 和珊珊. 自组织运作过程中的能人现象 [J]. 中国社会科学, 2013(10): 86~102.

罗家德 . 社会网络与社会资本 [M]// 陈晓萍，徐淑英，樊景立 (编). 组织与管理研究的实证方法 . 北京 : 北京大学出版社 ,2008.

马化腾 . 2013 年在年度 IT 峰会会议上的讲话 [EB/OL]. 新华社 . 2013-04-01 [2013-12-15]. http://news.xinhuanet.com/tech/2013-04/01/c_124527704.htm.

秦晖 . 政府与企业以外的现代化 : 中西公益事业史比较研究 [M]. 杭州 : 浙江人民出版社 ,1999.

师曾志 . 沟通与对话 : 公民社会与媒体公共空间——网络群体性事件形成机制的理论基础 [J]. 国际新闻界 ,2009(12):81~86.

沈阳，刘朝阳，芦何秋等 . 微公益传播的动员模式研究 [J]. 新闻与传播研究 ,2013(3):96~111.

王京山 . 自组织的网络传播 [M]. 北京 : 中国轻工业出版社 ,2013.

王秀丽，郭鲲 . 微行大益——社会化媒体时代的公益变革与实践 [M]. 北京 : 北京大学出版社 ,2013.

王绍光，何建宇 . 中国的社团革命——中国人的结社版图 [J]. 浙江学刊 , 149 2004(6):71~77.

杨国斌 . 悲情与戏谑 : 网络事件中的情感动员 [J]. 传播与社会学刊 ,2009(9): 39~66.

杨国斌 . 连线力 : 中国网民在行动 [M]. 桂林 : 广西师范大学出版社 ,2013.

曾繁旭 . 表达的力量 : 当中国公益组织遇上媒体 [M]. 上海 : 上海三联书店 ,2012.

曾繁旭，戴佳，王宇琦 . 媒介运用与环境抗争的政治机会 : 以反核事件为例 [J]. 中国地质大学学报 (社会科学版),2014(1): 68~77.

展江，吴麟 . 公民参与中的媒介角色及其作用 [M] // 贾西津主编 . 中国公民参与案例与模式 . 北京 : 社会科学文献出版社 ,2008,207~245.

赵鼎新 . 社会与政治运动讲义 [M]. 北京 : 社会科学文献出版社 ,2006.

赵鼎新 . 西方社会运动与革命——站在中国的角度思考 [J]. 社会学研究 ,2005(1): 168~210.

钟智锦，曾繁旭 . 十年来网络事件的趋势研究 : 诱因、表现与结局 [J]. 新闻与传播研究 ,2014(4): 53~65.

Barabási A. 2002. Linked: The New Science of Networks[M]. Cambridge:Perseus

Publishing.

Bach J, Stark D. 2001. Innovative Ambiguities: NGOs' Use of Interactive Technology [J]. Eastern Europe Studies in Comparative International Development, 37(2):3–23

Bennett W L, Segerberg A. 2012. The Logic of Connective Action [J]. Information, Communication & Society, 15(5): 739–768.

Bennett W L. 1998. The Uncivic Culture: Communication, Identity, and the Rise of Lifestyle Politics [J]. Political Science and Politics, 31(4):741–761.

Bimber B A, Flanagin Andrew J, Stohl C. 2012. Collective Action in Organizations: Interaction and Engagement in An Era of Technological change[M]. New York: Cambridge University Press.

Burt E, Taylor J A. 2000. Information and Communication Technologies: Reshaping Voluntary Organizations? [J]. Nonprofit Management and Leadership, 11: 131–143.

Castells M. 2000. The Rise of the Network Society[M]. Wiley-Blackwell.

Castells M, Fernández-Ardèvol M, Qiu J L &Sey A. 2006. Mobile communication and Society: A Global Perspective[M]. Cambridge: MIT Press.

Castells M. 2009. The Power of Identity: The Information Age: Economy, Society, and Culture[M]. Wiley-Blackwell.

Chadwick A. 2007. Digital Network Repertoires and Organizational Hybridity [J]. Political Communication, (24):283–301.

Ellison N. B, Vitak J, Gray R, Lampe C. 2014b. Cultivating Social Resources on Social Network Sites: Facebook Relationship Maintenance Behaviors and Their Role in Social Capital Processes[J]. Journal of Computer-Mediated Communication.

Ellison N B, Gray R, Lampe C, Fiore A T. 2014a. Social Capital and Resource Requests on Facebook [J]. New Media & Society, 9(04):855–870.

Gerencser M, Lee V, Reginald, et al. 2009. Mega-Communities: How Leaders of Government, Business and Non-profits Can Tackle Today's Global Challenges Together[M]. Basingstoke: Palgrave Macmillan.

Granovetter M S. 1973. The Strength of Weak Ties [J]. American Journal of Sociology,

78: 1369-1380.

Gittel R, Vidal A. 1998. Community Operating: Building Social Capital at a Development Strategy [M]. Thousand Oaks. Sage.

Harbermas J. 1991. The Structural Transformation of the Public Sphere: An Inquiry into a Category of Bourgeois Society[M]. Cambridge, MA: The MIT Press.

Hilgartner S Bosk C L. 1988. The Rise and Fall of Social Problems: A Public Arenas Model[J]. American Journal of Sociology, 94 (01): 53-78.

Hands J. 2010. @ is for Activism: Dissent, Resistance and Rebellion in a Digital Culture[M]. London: Pluto Press.

Kaplan A M, Haenlein M. 2010. Users of the World, Unite! The Challenges and Opportunities of Social Media[J]. Business Horizons, 53:59-68.

Kruikemeier S, van Noort G, Vliegenthart R, de Vreese C H. 2013. Getting Closer: The Effects of Personalized and Interactive Online Political Communication [J]. European Journal of Communication, (01).

Lang K, Lang G E. 1953. The Unique Perspective of Television and Its Effects: A Pilot Study[J]. American Sociological Review, (18):3-12.

Lang K, Lang G E. 1968. Politics and Television[M]. Chicago: Quadrangle Books.

McLuhan M, Lapham L H. 1994. Understanding Media: The Extensions of Man [M]. The MIT Press.

Ong W. 1982. Orality and Literacy: The Technologizing of the Word [M]. London: Methuen.

Ong W. 1958. Ramus: Method, and the Decay of Dialogue; From the Art of Discourse to the Art of Reason [M]. Cambridge, MA: Harvard University Press.

Putnam R. 1995. Bowling Alone: America's Declining Social Capital[J]. Journal of Democracy, 6(1): 65-78.

Putnam R. 2001. Bowling Alone: The Collapse and Revival of American Community [M]. New York: Simon and Schuster.

Ran W. 2014. Texting, Tweeting, and Talking: Effects of Smartphone Use on Engagement in Civic Discourse in China [J]. Mobile Media and Communication, 2(1)3-19.

Sewell W H. Jr. 2005. Logics of History: Social Theory and Social Transformation [M]. Chicago: University of Chicago Press.

Stark D, Vedres B. 2012. Political Holes in the Economy: The Business Network of Pantisan Firms in Hungary [J]. American Sociological Review, 77(5): 700-722.

Yang G. 2009. The Power of the Internet in China: Citizen Activism Online. New York: Columbia University Press.

第四章　行动与表达：公众参与空间的行动模式

> 抗争剧目在一定的时间和空间被固化了，而切实的创新其实非常缓慢。

> ——查尔斯·蒂利

上一章对开篇的研究问题——移动化互联网给公众参与的组织形态带来的影响及其互动机制——作出了初步回答。本章的目的是对这个机制进行较为微观的描述，主要考察在各类组织样态中，个体的行动模式，以及由此构成的公众参与空间的形态。其中，通过案例分析重点分析了创新型公益参与的组织形态，以及创新型行动设计的行动与表达扭合机制。

一、公众参与的行动空间

比姆伯等（Bimber et al., 2012：97）提出的公众参与空间理论（CAST）由参与度（Engagement）和互动度（Interaction）两个维度构成。沿用

CAST 理论中的测量题项对公益参与者的参与度（PE_engage）和互动度（PE_interact）这两项指标（具体测量见第二章第二节）以考察个体在公益项目的"群"或"圈子"中的个体参与体验。

（一）参与度与互动度

以参与度（PE_engage）作为纵坐标，这一维度上取值越高则参与者的行为模式越接近"主动参与／深参与"的方式，参与者在参与过程中能够积极主动地对项目的管理方法、今后发展方向、目标定位等建言献策，得分越高，则越有可能在公益活动中承担领导者，或者更有可能在线下参与中做出贡献，加入到"在场"的交流模式中去。在这一维度上取值越低，则参与者的行为模式越接近"被动参与／浅参与"的特征，参与者在公益的参与过程中并不关心组织的整体管理和公益活动的愿景规划，只是做好分配到自己的"分内事"。此外，参与度（PE_engage）的测量还可以用于观察公益项目的组织形态是否呈现出微公益研究中所说的"去中心化"特征，参与度分布越平均，则组织的扁平化特征就越明显。

CAST 理论所构建的公众参与空间以互动度（PE_interact）作为横坐标，这一维度中取值越高，那么参与者的互动行为模式越接近"个人导向型"的、人格化的（personal）互动方式，在横坐标上的取值越靠近右，媒介的中介作用表现为联结，"在屏"的互动与传统意义上的"第一在场"互动特征越靠拢。在这一维度上取值越低，那么参与者的互动行为模式越接近"工具导向型"的、非人格化的（impersonal）互动方式，其取值在横坐标上越靠左边，也就是远离了"第一在场"状态，媒介的中介作用表现为疏离。因此，互动度（PE_interact）的测量兼用于考察公益项目的参与个体的互动状态，从而审视中介化的参与空间中，公益参与的行动特征。

参与度（纵坐标）和互动度（横坐标）垂直相交得到公众参与的二维空间，每一位受访者在这两个维度上的得分即可在公众参与空间中呈现为一个交点。由此，我们得到公益参与者（N=556）在公众参与空间（PES）中的散点图（图4.1）。

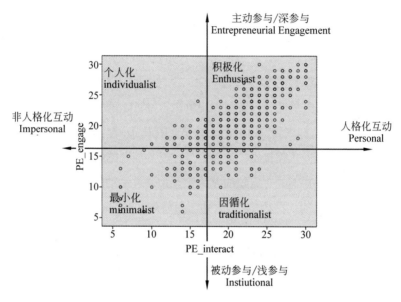

图 4.1　公众参与空间的行动模式（N=556）

数据显示，中国的公益参与个体在第一象限分布最为广泛，其次是第三象限。本文结合每一区域中公益参与者的媒介使用状况和社会联系状况，将四个区域分别命名为（按逆时针方向）：积极化、个人化、最小化及因循化的四种参与模式。简单地来说，公益公众参与者的参与模式的总体分布，"积极化"参与最广泛，仅次于此的是"最小化"的参与方式。而与西方目前微公益参与"个人化"层面分布较为频繁所区别的是，当代中国在个人化参与模式和因循化参与模式方面的分布频率较为接近，而且在频数分布上远远落后于前两种行为模式的参与者。下文将细致分析每一公共空间内公众参与者的行为特色和赛尔媒体使用偏向。

（二）信息偏向与公众参与互动度

根据赛尔媒体的定义，赛尔媒体所具有的遍在性（Ubiquitous）、伴随性（Portable）的传播技术性，以及微协调（Micro-Cordination）和同时在场（Co-presence）的功能体征，为原子化的个体的协同行动提供了技术支持。同时，附着于其上的社交媒体平台对人的协商、行动、参与等的公民意识上的启发和召唤，为我们理解中介化的公众参与行动及空间提供了一个新的视角，由此可见，赛尔媒体对公众参与的促进功能更多的是提供了民主意识觉醒和公民精神的培育，对这一点可以持谨慎乐观的态度。另外，可以认为移动性与渗透度（Ubiquity）相等。这里，"移动性"（第三章第一节）的含义得到引申，渗透度指的是传播技术对日常生活的中介程度。例如，电力发明的初期，人们对电的"到来"充满热情、好奇、惶恐等情绪，因为"电"这种新的技术尚未普及，人们尚且以新事物的态度对待之；而当电力日益渗透到日常生活中之后，人们对它的存在就习以为常了；与此伴生的，与电相关的"社会实践"也就被广泛采纳了。如果赛尔媒体本身蕴含了解放公众参与的潜力，那么移动度作为这种传播中介的属性，应该与参与的程度具有相关关系。因此有以下假设：

假设 4-1：移动度与公众参与度呈正相关，且相关系数和显著性均高于移动度与公众参与互动度的水平。

"参与度"其实可以用来测量组织化的程度，也就是所谓的"去中心化"或"扁平化"的程度。移动性（M）与公众参与度（PE_engage）之间的回归模型数据检验显示（R^2=0.125, ANOVA df=8, Sig.=0.000），移动性与参与度呈正相关（标准化回归系数 β=0.193, Sig.=0.000, p<0.001）；收入与公众参与互动度呈正相关（标准化回归系数 β=0.294, Sig.=0.000, p<0.001），其他控制变量与参与度的回归关系均不显著。因此，假设 4-1 被支持。

上文分别考察了移动性即赛尔媒体的社会渗透力对于参与度和互动度的影响。接下来考察赛尔媒体的信息偏向与社交偏向与公众参与空间两维度的回归关系。根据第一章文献综述，有如下假设：

假设 4-2：社交偏向使用与参与度呈正相关；

假设 4-3：信息偏向使用与参与度呈正相关；

假设 4-4：社交偏向使用与互动度呈正相关；

假设 4-5：信息偏向使用与互动度呈正相关；

假设 4-6：社交偏向与互动度相关程度大于信息偏向与互动度相关程度；

假设 4-7：信息偏向与参与度相关程度大于社交偏向与参与度相关程度。

赛尔媒体信息偏向和社交偏向与互动度（PE_interact）之间的线性回归模型数据检验（R^2=0.509, 残差 ANOVA df=7, Sig.=0.000, constant=20.808）显示（见表 4.1），社交偏向与互动度呈正相关（标准化回归系数 β=0.632, t=20.725, Sig.=0.000, p<0.001），信息偏向与互动度呈正相关（标准化回归系数 β=0.291, t=9.585, Sig.=0.000, p<0.001）。收入与互动度呈正相关关系（标准化回归系数 β=0.068, Sig.=0.050, p<0.05），其他控制变量（年龄、户口、宗教信仰、职业、性别、教育）

与互动度的回归关系均不显著。

　　信息偏向和社交偏向与参与度（PE_Engage）之间的线性回归统计结果显示（R^2=0.513, df=9, Sig.=0.000，constant=20.727, Sig.=0.000），社交偏向与参与度呈正相关（β=0.554，t=18.220, Sig.=0.000, $p<0.001$），信息偏向与参与度呈正相关（标准化回归系数 β=0.384，t=12.661, Sig.=0.000，$p<0.001$），研究假设得到证明。收入与互动度正相关（标准化回归系数 β=0.136, Sig.=0.000, $p<0.001$），其他控制变量与参与度的回归关系均不显著。

表 4.1　赛尔媒体偏向与公众参与二维度的标准化回归系数

	互动度（PE_Interact）	参与度（PE_Engage）
社交偏向	0.632***	0.554***
信息偏向	0.291***	0.385***

　　*$p<0.05$, **$p<0.01$, ***$p<0.001$

　　上述假设 4-2 至假设 4-7 共五个假设均得到支持。信息偏向与社交偏向均能够促进公众参与空间的互动度和参与度，不过程度有所区别。信息偏向与互动度的回归系数（β=0.632）大于信息偏向与参与度的回归系数（β=0.385）。

　　假设 4-7 被证伪，社交偏向与参与度的回归系数（β=0.554）大于社交偏向与互动度的回归系数（β=0.291）。本来，使用社交功能的参与者应该在参与中表现出更多的人格化互动，而使用信息功能较频繁的参与个体掌握更多的项目信息，因而能够更好地为公共事务建言献策。但数据结果显示，那些偏向于社交功能使用的个体确实表现出人格化互动较强的倾向，不过他们同样表现出参与度较高的倾向。而赛尔媒体使用信息偏向在促进互动度和参与度方面都较弱。对这一现象的解释可以从两方面入手，其一，有研究表明，公益活动的初次参与行为产生依赖于人际劝服的效果高于媒介信息的说服效果，也就是"二级传播"所描述的情况。其二，中国文化中根深蒂固的"关系"文化在网络社会中以圈子的形态存在，并且深刻影响着微媒体的使用偏好、设计方式，也对公众参与的参与机制造成影响。我们可以简单地理解为：与其说是线上走到了线下，不如说"在场"的互动机制从未消失。

虽然从社交偏向的角度来考虑，部分公众参与的组织形态并无新颖之处，但我们同时能够切实观察到许多具有能动性的公益创新活动。

二、公益参与的行动模式

（一）公益创新：积极化的公益参与

公众参与中的积极分子（enthusiasts）是公益活动的发起人或者参与过程中的活跃个体，其在公众参与的互动度和参与度两个维度分值较高。他们在志愿活动的参与过程中积极为组织的发展建言献策，与群体内的人有个人化的甚至情感导向化的互动，有效地与各个志愿活动的发起人、领导人和协调人员形成有效的沟通与互动，并且为公益活动的开展模式提供新的创意。

公益创新是当代中国公益项目开展最为突出的特征，公益创新不仅包括公益活动策划与开展的样态创新，还包括社会层面的制度和体制创新。而有效地运用、有策略地疏导公益创新，在微公益领域形成体系化的复制和制度化建设的保障是目前面临的紧迫问题。

公益创新的社会生存空间得以拓展，源于"赛尔媒体"动员潜力以及便捷、伴随式的社会文化变迁。诺贝尔经济奖获得者雷蒙德·费尔普斯（2013）常年研究社会创新对国家经济的影响，在著述《大繁荣》中他阐述了创新的来源与内涵。他认为，世界上大多数创新都是来自草根的、自下而上的过程，而且创新并非简单的发明创造，而是商业模式和政策制度的创新，创新是国家繁荣的关键。

公益创新对社会资本有一定要求，因此这一象限中的个体在教育水平和个人收入方面表现出较高的均值。由"微博打拐"延伸出来的"儿童安全"公益活动常态化，主要依靠到高校中动员志愿者参与"儿童安全宣讲"等系列活动中，在项目设计上予以各高校很大的自由空间和创意平台，项目只从总体上进行把关并且审批活动经费。珠海大学"思成大学生精英"公益社团创造了"皮影戏"的宣讲模式将"女童保护"的知识转变成为生动活泼的课堂。

> 我们通过在网络上搜集相关的资料，结合受助对象的特点进行改进。原先设想制作一个"防拐"题材的动画片，但是出于成本的考虑，刚好社团内部几位同学正在参与一门"皮影制作"的艺术选修课，于是将多方资源结合起来最终打造了防拐皮影戏的表演形式。

> 刘旻暄，2014 年 3 月

"铅笔换校舍"等网络义卖活动、免费午餐公益店、厦门大学"糖公益"等活动均是微公益创新化发展的案例。如何以及是否有必要将公益创新制度化和常态化是公共政策相关研究考虑的话题。2014 年 3 月我对这一活动的主导者进行访谈时，思成大学生精英团体的志愿者正在将这一活动的组织模式和开支情况撰写成为试点报告，项目群将会在汇总大量的试点报告的基础上推出可复制模式，形成微公益创新制度化。

（二）点击主义：最小化的公益参与

采用最小化参与（Minimalist）方式的个体在参与过程中表现为浅参与、被动参与和工具理性互动的方式，最典型的形式是小额捐赠。

西方对公益参与行为的学术讨论中普遍将捐赠行为作为一种"表达式"参与（Wilson & Musick，1999；Frumkin，2006:38）进行讨论，因为相比于较有规律的志愿服务而言，通过邮递寄送支票的方式既不需要固定的时间和精力等沉没成本的投入，又不具备在参与过程中与其他参与者进行交流互动进而累积社会资本的社会效益。尽管西方理论讲捐赠是一种表达式参与，但是在我们的数据统计中发现，在中国的公益慈善语境中显然捐赠更偏向于作为一种行动式参与的方式存在。在当下中国的公益慈善传播环境中，捐赠是一种特殊的公益参与的方式，西方理论中将之等同于一种公共表达的判断是受其特有的历史、文化、宗教背景的限制的。在信息传播科技特别是快捷支付的基础设施建设不断渗透到日常生活中的趋势下，微公益的捐赠是一个值得单独讨论的话题，其复杂程度远非现有的理论和统计所能解释，值得今后的研究进一步观察和讨论。

在研究英美等国的公益历史研究中，捐款被认为是与志愿者参与和社区服务相区别的一种公益参与方式。与后两者相比，捐款所要求的时间和精力成本相对较低，对社区的社会资本贡献较少，因而在学术讨论中多被归类于一种表达式的参与。向某个项目或者某一个系列的公益活动捐赠，是个人对某个社会问题是否值得引起重视和亟待解决的一种公共表达（Frumkin，2006：38）。早在 20 世纪 90 年代西方的公益发展实践中就已经出现"微募资"（micro-financing）策略，并且在世界范围内特别是国际 NGO 组织中得到普及和实施，泰国在城市低收入地区开展的社区发展项目就是其中一例（Lathapipat, 2010），这种小额募资的方式并非是互联网或者移动互联网时代的特有产物。

考虑到当代中国尚且稀薄的公益文化，小额捐赠具有公益启蒙的意义。

北京地区及其辐射周边的公益参与表现出明显的"移动化"特征。"80后"媒体从业者陈少阳就是其中具有典型意义的一位，用"手机土著"来描述她并不夸张，她完全靠智能手机解决所有生活中的联网需求，下班回到家"连开电脑都觉得麻烦"。她的公益参与方式表现出极强的"移动化"特征：

> 最早给壹基金捐钱，是因为打车的时候，出租车后面有广告，说发送短信什么可以捐。但是（发短信）就只能一次次地弄，比较麻烦。
>
> 现在我是通过支付宝捐款的，我用手机支付宝比较多，不是有 APP 吗。当时印象好像默认的就有壹基金，我觉得它特别方便，我可以绑定它每个月自动把钱给我划走，流程特别简单，之后每个月都会捐钱。到现在可能有半年，就每天一块钱。它是按月给你扣。钱不是很多，但是细水长流还挺好的。

除了为数不大的善款以外，陈少阳的公益参与方式的时间和参与成本几乎为零。她选择在"壹基金"的淘宝店绑定支付宝，每天捐赠一元钱且每月统筹支付的方式。但是这种"低投入"的公益参与方式带来了另一个普遍的隐忧是参与者的"权责性"较差，特别是对公益项目的监督主要依靠公益项目的自觉。例如：

> 我（监督）这方面确实做得比较差。它（壹基金）会有发

送一些消息，但是我不是特别的关注，因为我捐助的金额也不是特别的多。如果金额比较多的话可能会比较关注了。这事本来就是个好事，所以我会愿意去做。我可能会觉得比较放心嘛。可能还是因为李连杰，比较有号召力。可能是这个东西的信任度摆在那儿呢。我知道他是有这方面意识的，他做广告也做得比较多，是比较有影响力的基金会，这样会觉得比较靠谱一点。

陈少阳，2014 年 1 月

最小化的公益参与主要有转发、点赞和小额捐赠的形式。这些参与方式的成本可控，情绪代入感较低。不过，当下针对最小化参与的批评也从未停止，主要有两个方面：一是行动转化潜力弱，例如中国台湾有"万人点赞，一人到场"的现象；二是公众参与的效果差，例如"随手拍照解救流浪儿童"的微博活动，并没有真正带来拐卖儿童解救数量的增长，因此怀疑者将这种最小化的参与称之为"鼠标点击主义"（clicktivism）或者"懒汉主义"，这种类型的参与者是光说不练的"键盘侠"，转发和点击并不能带来公共生活实质性的改善。

（三）公民协商：个人化的公益参与

在对社会热点议题的讨论过程中积极建言献策，表现出在纵坐标（PE_Engage）得分较高，即参与度较高；但是在横坐标（PE_Interact）维度上得分偏低，即参与过程中呈现出面对面交流淡漠的非人格化互动的参与模式，我们称之为个人化的公益参与模式。个人化的公众参与方式在西方以"公民协商"（Public Deliberation）作为理想型，在中国公益环境中表现出围绕公益热点议题的讨论爆发、关注度剧烈飙升、但在常态化过程中却销声匿迹的状态。

公民协商（Public Deliberation）是指围绕社会热点和政治议题展开的基于平等和理性原则的对话，是舆论形成的过程，也是理想公共空间的基础。在网络空间中,公民协商由目标理念的整合、集体行动的动员(刘九洲等，2010) 等部分组成。林尚立（2007）认为以公民协商为代表的基层民主是中国民主政治发展的基石，目前在中国公民协商呈现出决策性、听证性、咨询性和协调性四种形态。威谦（Wilhelm，1999:167）总结网络论坛中围绕政治议题开展公共协商的信息类型包括①提供时间信息，寻求相关信息开放评论，提供线索和护体；②社会互动过程中秉持包容、理性的原则进行意见交换，其中质疑精神尤为重要；③对信息进行搜寻，对数据资料进行证明或证伪。

社会化媒体领域爆出微公益热点事件能够在短时间内激发出公民协商。例如，在2011年6月，新浪微博账号"郭美美baby"在网络上展示了自己的日常生活，包括名车、名包等照片，她的炫富行为经由网络舆论的一再发酵，一时爆出关于中国红十字会的信任危机，引发网民人肉搜索其真实身份、追问事件真相的一场"集体行动"。随着网络舆论的狂欢、传统媒体的报道跟进和评论、涉事当事人和舆论指向的红十字会、红十字商会等多部门的回应，该事件逐渐发酵成为社会热点议题。网络舆论在进行公民协商的过程中逐渐发展出"腐败框架""提出—证明框架"等多种认知和辩论模式。郝永华等（2012）发现，涉事的各行各业都尝试将自己设定的议题框架推动成为主要的议题框架进而左右事态走向，但是真正能够引起网络舆论"共鸣"的协商框架必须包括公信力和充分的实证信息支持这两个要素。另外，愤怒和不满情绪的宣泄通过分享不断得到培养，是维持集体行动的重要动因，而且逐渐表现出娱乐化倾向。这种倾向再次通过满足参与者道德和正义的优越感而得到进一步的框架共鸣。"郭美美事件"引发了公益、学术、政治等多个领域的讨论，也因此激励中国公益信息公开公示以建立政府主导公益公信力的制度变革的进程。也正是由于赛尔媒体所具备的公众参与和公共监督意识的启蒙作用，这种以公民协商为代表的公众参与才将信息公开和公益透明度纳入学理探讨和制度建设的重要层面。因此，在下一章中我们将会通过数据检验公益透明度对公众参与机制的调节作用。

2014年1月至3月间，网名"落魄书生周筱赟"的用户实名爆出的嫣然天使基金"7000万善款下落不明"的丑闻，在赛尔媒体平台上发酵演绎。由于当事人涉及明星李亚鹏，传统媒体特别是娱乐新闻的跟进进一步助推议题的传播与扩散，部分网民运用专业知识亲自审计嫣然天使基金及唇裂医院公开的财务报告。爆料人周筱赟深谙赛尔媒体传播规律，以每周"一发子弹"的节奏更新"丑闻证据"，保证网民关注度持续的调动。访谈中长期关注公益新闻的《凤凰周刊》记者、新浪微博社会责任总监等微公益业内人士均评价，李亚鹏领导的嫣然天使基金在财务透明、信息公开、社会责任等方面在公益界内均称得上是"中上水平"，但是周筱赟表现出传播技巧的爆料"炮弹"通过引发公众协商走向极端情绪的方式，显然给这个"很不错"的公益基金造成了公信力创伤。赛尔媒体环境造成公益监督力量和被监督对象之间的权力不平衡，这种将公共监督推向极端的民粹主义的风险，最终将对公共事务和公共空间造成难以修复的创伤。

除了郭美美引爆的中国"红十字会"信任危机、嫣然丑闻引发草根基金质疑声浪及反思以外，社科院于建嵘依托新浪微公益平台发起的"随手拍照解救乞讨儿童"同样引发广泛且深刻的公民协商。区别于前两者诉诸愤怒情绪的特点，这个作为"微博打拐"项目前期试水的社会创新项目引发的公民协商呈现出较为明显的理性辩论的特征。网络舆论辩争的焦点议题包括：这些被拍照的儿童中有多大比例是被拐卖的？乞讨儿童的肖像上网是否侵害其肖像权？在微博这样一个近用机会人人均等的公开平台上公布疑似被拐儿童的照片是不是同样帮助拐卖贩子更有预见性地隐匿、甚至处罚儿童？尽管这些问题在社会化媒体得到广泛讨论且尚未得出一致结论，不过公安部在舆论强压下迅速启动了打击拐卖儿童专项行动，成为微博开通以来草根舆论撬动政府专项行动的首例。

上述案例尽管在激发公民协商的框架、过程等传播细节过程中有所不同，但参与者均表现较高的主动性，而且由于情绪宣泄主导的"狂欢"方式作为协商主导框架，导致赛尔媒体平台的工具化互动大于人格化互动。以此为指标，公民协商是个人化参与方式的典型类型，在公共参与空间的图示中（见图 4.1）位于左上角。

在公民协商的过程中，可以观察到语言的"暴戾化"倾向，也可以追溯到微博、微信等技术平台作为能动的社会行动者的作用。例如，早期微博空间的匿名管理，使得在微博中"前台行为"和"后台行为"的界限不再清晰，特别是多后台行为的前台化。一方面社交媒体上公众言论的形成缺乏现实社会中的礼仪和权威关系的约束，从而具有明显的反权威倾向；另一方面却容易在（来自网络公司、金钱、国家等的）操纵下迅速形成权威。在微博中，人们一方面会鄙视权力；另一方面又特别崇拜权力。微博中的狂热之士的表现好像"文化大革命"中的红卫兵：一方面喊着打倒一切、怀疑一切；另一方面喊着谁敢反对毛主席我们就打倒谁。这可能是微博政治空间中语言趋向暴戾化背后的结构性原因（赵鼎新，2012），以至于微博的这些性质给了微博中的"社会"一个严重的原子化和陌生化的倾向。作为现代社会及移动互联网伴生现象的陌生性与个体化，在第五章第二节会进一步讨论。

（四）单位动员：因循化的公益参与

"因循化"（Traditionalist）的公益参与个体表现出较强的人格化互动度取向和较低的参与度，这一类行动模式的个体主要分布位于公众参与空间（PES）的右下方向（第四象限）。调查显示，这种类型的公益参与方式最为典型的就是以单位和组织为基础的募捐活动，例如汶川地震、玉树地震、雅安地震等突发性自然灾害的捐款活动，以及时间跨度上较长的"希望工程"等类似活动。在这种行动模式下，参与个体基于原有的单位或组织隶属关系而表现出较为频繁的人格化互动，单位成员之间分享共同的工作目标，对公众行动所涉话题的主题与兴趣点表现出较高程度的重合，加上个体之间有一定的情感基础上的面对面的交流互动，因此这类公众参与方式是较为传统的。根据孙立平等（1999）"希望工程"个案研究的结果所显示，组织参与的方式是组织资源动员的结果。而且，迫于同事的压力或者行政的压力，组织资源变相地成了动员资源。

传统的公益组织和党政机关在公益走向互联网的浪潮中也在尝试通过社会化媒体的思路开展公益传播、组织公益活动。由共青团北京市委员会、北京市青年联合会、北京市志愿者联合会、北京市学生联合会、希望工程北京捐助中心等单位共同发起的"温暖'衣'冬"就是其中一个案例。这个公益活动同样结合线上—线下的方式策划组织，并且将公益传播的目标受众即潜在的公众参与者群体设定为在校大学生群体，活动设计通过寒假返乡大学生在回家过年的过程中随身携带义务回乡捐赠实现发达城市对欠发达城市和地区的帮扶，实现让老年人身体和心灵都"温暖'衣冬'"。有意思的是，这个项目最终的开展方式仍然是通过社区青年汇、学校共青团组织和公益组织才得以落实。

民间公益行动的撬动作用正在对传统的以行政方式垄断公益资源的单位及组织的生存空间和社会合法性带来挑战，所以慈善组织（如中国红十字会）、行政组织系统（如精神文明办公室、共青团委）等纷纷试水通过社会化媒体推进社会服务工作的公益活动。区别于上述"微博打拐"和"免费午餐"，这一类公益活动原生于"强国家"，本身垄断了大量的公益资源和行政动员系统。它们如何适应赛尔媒体环境并与发端草根的公益行动合作或者竞争，是值得关注的话题。"温暖'衣'冬"就是体制内公益试水赛尔媒体的一个例子，这一活动由共青团北京市委员会牵头的一系列共青团单位、学生组织和公益单位共同倡议，号召社会各界人士捐赠衣物，该公益项目回收衣物之后，通过组织大学生以志愿服务的形式利用假期返乡转赠给北京或外地贫困人员。截至2014年3月20日，该活动一共举办2次，项目宣称其累计接收捐赠并捐给困难群众棉服18.6万件，社会捐款、捐物合计约价值4026.9万元，为青少年解决问题7312件。

总结起来，"温暖'衣'冬"项目的传播和动员方式"赛尔媒体化"的手段包括：①项目设计的组织采用"众包"（crowd-sourcing）方式，号召群众捐赠衣物，再通过大学生志愿者利用寒假之便将捐赠衣服带回家乡送给最需要的人。②情感动员诉求普遍的社会共情与社会责任。"温暖'衣冬"在倡议书中说："御寒外套不能改变贫困状态，但是可以送去温暖……体会一种社会责任和助人的快乐。"③打造简短易记的品牌活动，包括"希望工程""善薪计划"等爱心捐助活动并且希望将之塑造为品牌；④注意参与者的反馈互动环境，打造传播的双向互动；其公示信息也较为完善，且将每一件捐赠的衣物都统一编号，向捐赠衣服奉献爱心的市民回馈爱心卡。⑤采用互联网思维进行项目设计，包括精细化和数据化等特点，例如以数据定位追踪系统实现精细化的社会监督。

由于该活动的衣物分发环节主要依靠过年返乡的大学生志愿者群体，因此统一编码的衣服通过扫描追踪"实现爱心冬衣可追溯"。回收衣物必须是羽绒服和棉服等御寒外套，七八成新以上，清洗干净、无明显污迹和破损，各区县团委统一将社区青年汇接受的衣服送至消毒厂，经消毒包装后运送至各学校。

从组织模式、项目设计、活动实施、传播诉求等方面都可以观察到该项目明显的"组织内"特色。传播受众也就是动员目标以在校大学生群体为主，便于发挥共青团的组织人事资源优势，而募捐衣物也是通过"社区青年汇"的组织网络以分派行政任务的方式完成。尽管其尝试以品牌活动等赛尔媒体话语作为动员和宣传手段，但实际效果尚待商榷。可以肯定的是，在强国家资源背景下，根正苗红的公益活动尽管采用微公益的传播模式，但组织传播依赖于原有的固定结构，动员效果和社会效果都被限制在一定规模之内，合法性让其没有必要也没有能力去撬动强国家—弱社会的结构。

有待探讨的问题是，在孙立平等（1999：7~8）所言的中国"后总体性社会"的"强国家—弱社会"关系中，个人及组织对于资源垄断方的依附程度如何？而公益作为一种"柔软改变中国"（邓飞，2014）的进路，撬动政策变动进而拓展公众参与和公民社会空间的可能性如何？

三、行动与表达的扭合："冰桶挑战"案例分析

冰桶挑战（Ice Bucket Challenge）是一项在 Facebook 和 Twitter 等社交网络上发起的公益活动。这项活动的设计、执行、媒体传播都堪称经典，很好地协调了"在场"和"在屏"的传播要素，同时激活人们的线

下行动、线上表达，是探讨公益活动设计和传播中如何串联起行动和表达，并且吸引传统媒体报道、进而撬动政策制定的经典案例。

"冰桶挑战"公益活动设计的主题定位明确，就在于"冰"。"冰"一语双关：一方面，活动参与者可以点名亲朋好友，要求其将一桶"冰"水从自己头上倒下，并把这个过程拍成视频上传到社交网络上。这项活动在夏天发起，一直延续到 11 月，很多地区已处于深冬时节，"冰"冷的感觉隔着短视频也能够被深切地感受到。另一方面，"冰"也是对这次公益活动的帮扶对象——"渐冻人症"（即"肌萎缩性脊髓侧索硬化症"，英文为 Amyotrophic Lateral Sclerosis，ALS）患者群体的比喻性描述。有了这个主题鲜明的模因（Meme），接下来的主要任务是撬动线上和线下的联动机制。那么，核心问题就变成："行动"和"表达"要如何搭配，才具有"传染性"，才能最大限度地激活公共参与空间的活力？

（一）行动的连接：公益创新激活个人化参与

"冰桶挑战"项目设计的行动由三个部分组成，而且是以线下"在场"的参与为基础的，不单纯是线上的文本互动。

第一个"在场"的行动要素是点名。每个参与者在泼水或捐款之后，需要"点名"下一个参与者，这个行动要素是要以线下的社交关系网络为基础的。比如，活动开始之后，有非常多的网民都点名了时任美国总统奥巴马，奥巴马都可以不予回应。但是，当英国女王参与了活动并且在 Facebook 上点名奥巴马之后，奥巴马就不可以不予回应了。最终，他也参与了活动，不仅往自己身上浇下冰水，将视频发到网络上，同时也向美国肌萎缩性脊髓侧索硬化症协会捐款。这一事件引发了主流媒体的报道。反过来看，奥巴马参与此项活动是一个非常好的公关活动：参加具有热度的公益活动，个人形象得到正面呈现，有益于网络化语境中的个人形象管理。这个模式在不同阶层都得到了复制。同样的，在中国的微博上也有很多网友都点名百度总裁李彦宏参加这个活动，但也只有相同地位、或略高地位的人的点名，才会真正转化为行动，李彦宏也最终上传了泼冰水的视频。可见，"点名"的基础在线下而非在线上，线下的社交网络是公益项目中的行动要素得以扩散的基础。

第二个"在场"的行动要素是泼冰水，这个行动设计挖掘了线下要素，并通过线上传播将之放大，是具有创新性的活动设计。"泼冰水"的成本很低，一桶冰水就是所有的道具，而且时间很短，拍摄和上传的视频基本上都不超过一分钟，因此参与率非常高。

此外，"泼冰水"的视觉效果十分震撼，尤其到了冬天以后，很多网友在寒冬腊月的户外，背景就是白雪皑皑，一桶冰水泼下去伴随着的尖叫，还有在视频前后参与者所表达的对"渐冻人"所患病症的深切同情，能够表达出非常强烈的情感唤起（Emotional arousal）。情感唤起要素中夹杂着强烈的娱乐性和轻微的悲伤，只有"在场"的、"线下"的视频才具备这些要素。

第三个"在场"的行动要素是捐款。捐款被很多网络行动研究者轻蔑地称为"鼠标点击主义"（Cornelissen et al.，2013），认为捐款行动不能够真正地激励民众对公共议题的讨论和参与。但我认为，这种看法是片面的、过时的。在互联网技术条件下，"网络众筹"具有和传统公益大额捐款同等、甚至更强大的筹款潜能。特别是"冰桶挑战"项目由于打通了线上线下参与的串联设计，在筹款方面表现不俗。该项目于2014年夏天发起，几乎一直持续到2015年春天。在该项目发起的前两周，参与捐款或泼水的公益参与者达到146 000人次，在项目发起的前半年里，为"渐冻人"患者的筹款金额就达到11 500万美元。（O'Corner，

2014）"捐款"这一行为在欧美发达国家的公益项目中较为常见，因此研究者认为其参与度不够，也情有可原。但是在中国，大众主动自愿参与的公益活动在近十年内才刚刚起步，正如第二章中数据显示，捐款对"线下空间"中人们的社会经济地位依赖较强，是真实生活在线上的延伸。

该项目设计更值得玩味的地方在于，点名、泼冰水和捐款这三个行动，都可凭一己之力来完成。这切合了"网络化个人主义"（Wellman et al.，2002）的技术文化，人们以个体化的行为参与到群体性行动中来，将娱乐、提升个人形象、参与公共议题三个目的以最小的成本整合到了一起，通过传播形成了"行动的连接"。

（二）表达的循环：社交媒体和大众媒体议程互动

传播的正向发展，不仅需要行动，更需要表达，在认知上形成共识。社交媒体具有设定公众议程的力量，但这些议程大多都是雁过留声，不能持久。"冰桶挑战"在创新型的公益行动中，却是一个例外。

"冰桶挑战"的表达参与和行动参与是相互促进的。名人行动以及大规模的群体参与行动同时设定了社交网络的热点议程和大众媒体议程。不过，不同的传播平台上，表达的要素及其比重不尽一致。

首先，冰桶挑战活动的初期传播是一个自下而上的过程，其中"在屏"的要素是有通畅的传播渠道。在"冰桶挑战"传播的第一阶段传播中，发起单位"美国肌萎缩性脊髓侧索硬化症协会"发起号召，部分工作人员和热心公益的参与者开始拍摄和上传视频，以"轻娱乐"的方式做公益，符合社交媒体整体的情感文化状态。正面的情感唤起，引发了初期的用户参与。

其次，传统媒体的跟进报道，极大地促进了冰桶挑战活动的知晓度和参与度，实现全球遍地开花。在美国，CNN 和《纽约时报》都对该活动进行多次报道，特别是微软总裁比尔·盖茨（Bill Gates）、前总统布什（George W. Bush）、脱口秀女王奥普拉·温弗瑞（Oprah Winfrey）等人参与的视频在社交媒体和传统电视频道都广为流传，形成了两个渠道的打通和共鸣，议程的相互促进又由此循环多轮。

最后，"冰桶挑战"在传统媒体、互联网媒体和社交媒体的良性循环、共同推动中，形成了围绕"渐冻人"的生存条件、社会能为他们做什么这个主题的公共讨论的表达空间，这个空间以一个公共事务话题为主，不仅能够很好地契合两种媒介的逻辑和传播的时间节奏，更能够恰到好处地调动 STEPPS 模型中所提及的助益个人形象、调用线下社会网络等行动要素。在为期近一年的全球范围传播过程中，它成功挑战了新闻媒体、政党政客、医疗学术等各行各业的敏感神经，形成了跨越圈层和阶层、跨越国家和边界、跨越时间的新媒体传播。（Jang et al.，2017）

（三）行动与表达的双向促进

什么样的项目设计会具有"传染性"几乎是各行各业都在求索的问题。市场营销相关研究中得出的很多模型，也被运用到分析互联网公益行动组织上来。伯杰（Berger，2013）提出的 STEPPS 模型提出"传染性"的六个要素，分别是：

（1）社交货币（Social Currency）：有利于互联网上自我形象管理的内容，更容易被转发和传播；

（2）触发点（Triggers）：个人的过往经历和事件是潜在的行动因素（Center&Walsh，1985），但当下就行动需要一个激励因素。比如，长期以来人们都知道物理学家霍金、棒球明星卢·贾里格身受渐冻症的困扰，了解这项病症的患者需要得到捐款和帮助。而在"冰桶挑战"活动中，在网络上"被点名"就是一个触发点，给人们一个当下就行动的理由；

（3）情感共鸣（Emotional Resonance）。能够引起正向情感、强烈情感的内容，会引发更多的参与和传播；

（4）实用价值（Practical Value）：有实际的、实用的价值的内容，更容易带来分享和转发行为；

（5）公共曝光（Public）：公共发布的信息，是人们决策的参考依据，多数人会根据网络信息的来采取从众的行为。例如，如果名人、好友都参加了"冰桶挑战"并且发布到社交网络上，这些信息的高可见度，促使更多人效仿这一行动；

（6）故事（Stories）：将经历和事件在时间线上串联起来就形成了故事，故事中承载着大量的信息和价值观，往往更具有说服力。研究表明，故事叙事的内容形式比清单列表的形式具有更强的说服力，更容易带来正面的评价。（Adaval&Wyer，1998）

上述六个要素在"冰桶挑战"案例所对应的参与行为模式是行动还是表达，其发生的空间条件是在屏还是在场？上文具体分析了六个要素的发生条件，并对其中的勾连、协调机制进行了阐释，这里用表格进一步梳理出来（见表4.2）。

表4.2 连接行动的STEPPS六要素分析

STEPPS 六要素		"冰桶挑战"的参与行为	参与空间
社交货币	(Social currency)	转发、拍视频	线上表达、线下行动
触发要素	(Trigger)	点名	线上表达、线下行动
情感共鸣	(Emotional resonance)	点赞、戏谑、娱乐	线上表达
实用价值	(Practical Value)	捐赠或泼冰水	线下行动
公共曝光	(Public)	公共讨论	线上表达
故事叙事	(Stories)	名人参与、明星故事	线上表达

斯莱特（Slater，1998）提倡从时空的角度去思考公众参与行动，追问人们什么时候在场，什么时候缺席，什么时候身体在场却灵魂缺席，什么时候身体和灵魂都在网上？由上表可见，"冰桶挑战"的活动设计及其传播很巧妙地打通了线上和线下的舆论场。线上表达通过社交网络和传统媒体的循环互动，以名人和政要为主线叙事，增加了公共曝光；以大规模的公众个人化行动参与，激发了情感共鸣。线下的参与包括点名、泼冰水和公益捐赠，因为有助于个人的形象增益、激活现实人际关系网络，形成了表达和行动、线上和线下的扭合，其成功经验并非偶然，值得后来的公益活动组织者分析和借鉴。

四、本章小结

本章从个人层面切入，首先将测量公众参与的两个指标，即参与度（PE_Engage）和互动度（PE_Interact）垂直相交构成一个二维空间体系、四类公众参与形态。通过将调查样本在此二维空间中的分布频次与访谈资料的交叉比较，研究提炼出四类形态各自的特征，按照频次分布依次是：①积极化（Enthusiasm）的公众参与模式分布最为广泛，高互动度、高参与度的"公益创新"是该模式的典型形态；②最小化（Minimalist）的公众参与模式，以浅参与、工具导向互动的"小额捐赠"为代表；③个人化（Individualist）的参与模式，以深度参与、非人格化互动为主要特点，针对社会热点事件的协商是主要的形式，该参与模式在西方分布较为广泛，但是在中国公益文化中并不十分普遍；④因循化（Traditionalist）的公众参与模式，人格化互动和浅参与是这种模式的特征，以单位组织的活动项目为主要代表。

本章参考文献

费尔普斯 . 大繁荣 : 大众创新如何带来国家繁荣 [M]. 余江译 . 北京 : 中信出版
社 ,2013.

邓飞 . 免费午餐 : 柔软改变中国 [M]. 北京 : 华文出版社 ,2014.

郝永华 , 芦何秋 . 网民集体行动的动力机制探析——以"郭美美事件"为研究个
案 [J]. 国际新闻界 ,2012(3): 61~66.

林尚立 . 公民协商与中国基层民主发展 [J]. 学术月刊 ,2007(09):13~20.

刘九洲 , 许玲 . 论网络舆论传播中的公民协商和公民行动 [J]. 华中师范大学学报
(人文社会科学版),2010(6):118~122.

孙立平等 . 动员与参与 : 第三部门募捐机制个案研究 [M]. 杭州 : 浙江人民出版
社 ,1999.

赵鼎新 . 赵鼎新谈微博与公共空间 [N]. 东方早报 , 2012–05–13.

Adaval R, Wyer R S. 1998. The Role of Narratives in Consumer Information
Processing[J]. Journal of Consumer Psychology, 7(3), 207-245.

Berger J. 2013. Contagious: Why Things Catch On[M]. London: Simon & Schuster.

Bimber B A, Flanagin A J, Stohl C. 2012. Collective Action in Organizations:
Interaction and Engagement in an Era of Technological Change[M]. New York:
Cambridge University Press.

Cornelissen G, KarelaiaN, Soyer E. 2013. Clicktivism or Slacktivism? Impression
Management and Moral Licensing[J]. ACR European Advances.

Center A, Walsh F. 1985. Public Relations Practices: Managerial Case Studies and
Problems (3rd ed.)[M]. Englewood Cliffs, NJ: Prentice Hall.

Frumkin P. 2006. Strategic Giving: the Art and Science of Philanthropy[M]. Chicago,
IL:University of Chicago Press.

Jang S. M, Park Y J, LeeH. 2017. Round-trip Agenda Setting: Tracking the Intermedia

Process Over Time in the Ice Bucket Challenge[J]. Journalism, 18(10), 1292-1308.

Lathapipat D. 2010. Micro Financing: A Case Study in a Bangkok Low-income Urban Community[M]. Thailand: LAP LAMBERT Academic Publishing.

O'Connor B. 2014. How One Man Accepted the Challenge[EB/OL]. http://espn. go.com/boston/story/_/id/11366772/in-als-fight-pete-frates-message-loud-cle ar - ice - bucket - challenge. 2014-09-08.

Slater D. 1998. Trading Sexpics on IRC[J]. Body and Society. 4 (4):91-117.

WellmanB, Boase J, Chen W. 2002. The Networked Nature of Community: Online and Offline[J]. It & Society, 1(1), 151-165.

Wilhelm A G. 1999. Virtual Sounding Boards: How Deliberative is Online Political Discussion [M] // Hague B N, Loader B D (eds). Digital Democracy: Discourse and Decision Making in the Information Age. London: Routledge.

Wilson J, Musick M. 1999. Attachment to Volunteering[J]. Sociology Forum 14, 243-272.

第五章 群落与家国：公众参与的权力空间和社会语境

> 一个在政治上发挥作用的公共领域，需要的东西比宪政国家的制度保障还要更多。它还需要文化传统和社会化范型的支持精神，需要政治文化，需要一个习惯于自由的人口。
>
> ——哈贝马斯

前两章论证了移动社交媒体中介的社会中，公众参与的组织模式包括以认同和利益诉求为原点的"圈子"，以新媒介事件和公益精神为原点的"群"两种自组织逻辑。然后进一步具体分析了公众参与的行动模式包括积极化、个人化、最小化、因循化四种类型。

这些分析增进了我们对于"赛尔媒体"的理解。赛尔媒体所具有的移动和社交的技术特征，即其所具有的社会渗透力，不仅带来了参与方式多样化、参与渠道的便利和信息富裕（information richness），更重要的是塑造公民参与习惯与参与精神的作用。但这只是媒介化视角下公众参与环境变迁的一部分。

本章致力于分析上述运作机制的发生条件，也就是公众参与的信息环境、权利结构和社会语境。公益信息包括两类，一是在中国语境中最受关注的"公益透明度"（Philanthropic Transparency），二是在西方语境中最受关注的三个核心问题，即有效性（Effectiveness）、权责性（Accountability）与合法性（Legitimacy）（Frumkin，2006）。我们需要具体分析公益透明度、有效性、权责性、合法性对公众参与空间模型的调节作用。

调节变量（Moderator）指的是起调节作用的变量，其主要作用是为理论划出限制条件和适用范围。波普尔的证伪主义是科学知识积累的原则，如果尚未发现反例则研究假设予以保留，而一个普遍结论一旦发现错误就予以否定。匈牙利自然科学哲学家拉卡托斯（Lakatos et al.，1982）对波普尔证伪主义进行改良，提出"精致的证伪主义"，认为理论由内核、辅助假设和外部边界条件组成，当理论被证伪时，其理论内核不应被轻易抛弃，而是应首先考虑增加限制条件、或者改变辅助假设之后，看理论能否在一定范围内适用。调节变量就是研究一组关系在不同条件下的变化及其背后的原因，用以丰富原有理论（罗胜强等，2008：314）。本章的目的正是对赛尔媒体促成公益参与机制的理论划定适用范围，对前文建构的公共参与空间理论进一步阐述。

一、公众监督的调节机制

（一）公开与透明

自从"郭美美事件"对中国红十字会造成信誉危机以来，公益透明度成为公益传播领域最受关注、备受争议的概念。在中国，公益慈善信息的公开方式以内部评估与督导为主，网络媒体定期公开次之（韩俊魁等，2008）。

钟智锦（2015）关注微公益中筹款率的影响因素，包括项目性质、发起人身份、救助对象身份、转发数量、筹款目标金额。通过分析新浪微公益的1257个众筹项目，她还发现转发数量和筹款率都与财务透明度呈正相关。张银锋等（2014）采用网络数据编码、微博私信调查和电话调查等方法，发现互联网及其派生的网络金融等技术工具的运用，为微公益带来更加便捷高效的参与路径和灵活多样的操作性；但与此同时，公益活动的公开透明度、真实可信度不足，与民众的高期望形成反差。

尽管社会上基本对公益信息的公开透明的必要性达成共识，但实际的程度与进展如何却鲜有探究，也很少有实证数据分析公开透明的实际影响如何。于是可假设公益信息透明度对于"移动性—公众参与"回归关系的调节作用如下。

H5_1 a：当透明度感知高的时候，移动化近用对公众参与（PE）有正面的影响；当透明度感知低的时候，移动化近用对 PE 有负面的影响。

H5_1 b：当透明度感知高的时候，移动化近用对互动度（PEinteract）有正向影响；当透明度感知低的时候，移动化近用对互动度有负向的影响。

H5_1 c：当透明度感知高的时候，移动化近用对参与度（PEengage）有正面影响；当透明度感知低的时候，移动化近用对参与度有负面的影响。

需要说明的是，尽管统计方法相同，但是根据理论假设可预估透明度对于公众参与模型的干预是调节作用而非交互作用。因为交互效应中两个变量的地位可以是对称也可以是非对称的，只要其中一个起到调节变量的作用，那么交互效应就存在（Aiken et al.，1991:11），但是调节效应中，移动度作为自变量和透明度作为调节变量是由理论所决定的，二者在模型中位置不可以互换，各变量的相关矩阵如表 5.1 所示。

表 5.1　透明度的调节作用矩阵表

	透明度 Trans	移动度 M	公共参与度 PE
透明度	1		
移动度	0.128^{**}	1	
公众参与度 PE	0.506^{**}	0.179^{**}	1

N=548, 双尾检验 , $**p < 0.01$.

检验调节作用最普遍的方法是多元调节回归分析（Moderated Multiple Regression，MMR），该方法对调节作用的解释力度优于分组验证。我们按照以下五个步骤检验透明度是否以及（如果是）如何发挥调节作用。

（1）对透明度测量的 5 个指标进行信度与效度的检验，透明度感知的最小值 Min=6，最大值 Max=25，平均数 Mean=19.17，标准差 Std.=3.94。相同的方法，移动度的描述性统计值：最小值 Min=0.21，最大值 max=2.48, 平均值 Mean=1.21, 标准差 Std. =0.30。

（2）因为预测变量和调节变量往往与二者乘积高度相关，为了减少回归方程中变量间的多重共线性（multicollinearity）问题，我们将自变量和调节变量进行"中心化"处理（Aiken et al.，1991:11），用这个变量中测量的每一个数据点减去均值，得到一个均值为零的数据样本，分别用$\overline{T}$和$\overline{M}$表示。

（3）构造乘积项，将中心化处理后的自变量 $M1$ 与调节变量 T 相乘，得到$\overline{T} \times \overline{M}$，则得到多元调节回归方程：$PE=b_0+b_1M+b_2T+b_3\overline{M} \times \overline{T}$。多元层级回归方程中去，乘积项显著，确认调节作用存在。

（4）因此，可构造出多元调节回归分析方程如下（见表5.2）：

$$PE_T=16.8+0.13M+0.48T+0.95\overline{M}\times\overline{T} \tag{5.1}$$

表 5.2　透明度调节作用多元调节回归分析

	标准化系数 Beta	标准误 Std. Error	显著性 Sig.
常量	16.799	1.963	0.000
透明度 T	0.478	0.082	0.000
移动性 M	0.129	1.103	0.001
乘积项 $\overline{M}\times\overline{T}$	0.095	0.263	0.010

（5）对调节作用的分析和解释，采用中位数和标准差两种方法：一是找到调节变量的中位数，即透明度感知（T）的中位数是 19，因此分为低组（$T_{low}\leqslant19$）和高组（$T_{high}\geqslant20$）两组来观察透明度的调节作用。二是找到调节变量的均值，在均值左右各一个标准差的区域外各作为一组。组 1 中，$T_{low}<\overline{X}-\sigma$（即 $T\leqslant15.23$）；在组 2 中，$T_{high}>\overline{X}+\sigma$（即 $T\geqslant23.11$），然后在两组中分别回归。由于初步统计结果与常识预期相违，为确保研究的信度和效度，在这里我们分别采用了中位数分组和均值分组两种方法进行统计。统计结果如表 5.3 所示。

表 5.3　透明度感知分组调节作用的标准化系数及显著性

	中位数分组				均值分组			
	低组（N=273） $T_{low}\leqslant19$		高组（N=283） $T_{high}\geqslant20$		低组（N=109） $T\leqslant15.23$		高组（N=127） $T\geqslant23.11$	
常量	9.57**		23.51***		−9.21**		58.78*	
移动性 M	0.305***	(2.307)	0.240*	(3.08)	1.022**	(0.695)	0.495	(5.65)
透明度 T	0.41***	(0.168)	0.142**	(0.256)	0.266**	(0.377)	−0.141*	(0.863)
乘积项 $\overline{M}\times\overline{T}$	0.296***	(0.494)	−0.062	(0.858)	1.144***	(1.163)	−0.402	(3.03)
R^2	0.177		0.060		0.152		0.047	

*$p<0.05$, **$p<0.01$, ***$p<0.001$，括号中是标准误 Std.Error.

由两种分组中观测透明度的调节作用，都得出同一个结论：当透明度感知低的时候，赛尔媒体的近用对公益公众参与有正面的影响；当透明度感知高的时候，赛尔媒体近用对公益公众参与没有影响。原假设H5_1a 不成立。

这是一个"意料之外、情理之中"的有趣发现：当透明度感知较低的时候，透明度起到正向调节的作用；当透明度超过一定水平后，媒介近用与公众参与之间的正向促进关系消失。

简单来说，当透明度感知低的时候，个体对移动化社交媒体的接触度增加，带来公众参与度上升。但是，当透明度感知高的时候，这一促进作用并不成立，如图 5.1 所示。

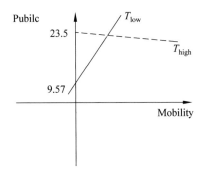

图 5.1　公益透明度感知的调节作用

低透明度情况下，移动媒体发挥信息偏向的渠道功能保证信息接触，同时发挥赛尔媒体社交偏向的关系功能保证公益动员的有效性，因此能够带来公众参与的增加。韩俊魁等（2008）统计数据显示在汶川地震救助中的公民"公益不参与"原因是参与渠道不通畅，即参与方式信息不能及时达到参与意愿群体之中。因此，在低透明度状况下，赛尔媒体促进公众参与的增加更多地发挥了信息渠道作用。

但是，在高透明度条件下，媒介的移动化近用与公众参与之间的促进关系消失。为增进对公益透明度的调节机制的理解，我就此走访了一些公益项目及其组织者。

首先，从深度访谈资料中发掘透明度的高度不调节的一种可能性解释是，公益"高透明度"的时机尚未成熟。

"人人皆为通讯社"的赛尔媒体传播氛围正在造就"显微文化"，将私人事件放到公共议题中讨论，将个体的事件无限地放大去观察。而赛尔媒体环境降低了质疑的成本，加上普遍的不信任情绪，将会打压微公益的发展环境。

例如，"免费午餐"发起人邓飞曾经因为在微博上公开一张公益行动期间的"高额"午餐发票而受到网民的指责。

> 你从这个地方到另一个地方，不能坐班车。你包一辆黑车，他就没有发票。我们志愿者经常是自己往里面掏钱。比如飞哥出去做免费午餐。要是吃饭要发票是不是要大一点的饭馆，如果小饭馆那就没有发票啊。这种情况怎么可能完全一点不落的公开出来呢？
>
> 雪姐，成都，2014 年 2 月

项目性质有所差别，信息公开的要求也有所差异。"微博打拐"的核心志愿者是一名退伍老兵，因为"打拐"涉及多个利益相关方，这名前线战士的工作形式要求他必须匿名。而且在拐卖频发的广袤农村地区，如果从城镇雇用一辆正规的出租车进入农村，就会迅速暴露"外来者"的身份，但是雇用黑车却没有发票。

> 像微博打拐这个项目，管理费在实际操作中占到 90% 的比例。但是按照相关的法律法规，每一个公益项目的运营费用

不能超过 5%。这在我们这个项目中是根本不可能的。也正因
为此，所以我们迟迟不推行透明（公开）。

小龙，北京，2014 年 3 月

所以，透明度的"低度调节"实际上也是一条看似美好的"脆弱曲
线"。赛尔媒体"赋权"的能力对于初露头角的草根公益来说福祸相生。
以 2014 年 2 月嫣然天使基金热点事件为例，按照西方公益专业主义的
角度运用权责性、有效性与合法性三个维度来衡量，嫣然天使基金在微
公益基金中表现至少处于中上发展水平。然而却对网络声讨无力回应，
除了其自身应对危机公关能力不足以外，传播学研究者应该从更为广泛
的行业及社会视角出发来看待这个问题。从某种意义上来说，李亚鹏及
其嫣然天使基金案件是在替稚嫩的微公益行业受难。

首先，从更为深层的法理层面来说，法律正在偏向于公益中质疑的
一方，中国社会普遍对公益人提出太高的道德要求，而赛尔媒体"显微
文化"正在将这种要求推向吹毛求疵的极端。失衡的公益监督将会带来
更为悲哀的公益不参与。

从本科毕业开始就从事"微博打拐"，最后成为一名全职工作人员
的小龙感叹在"微公益"这一行的道德压力和入不敷出。

个人而言，"道德压力"大于"经济压力"大于"体制压力"，
在网民的监督下，公益人道德方面不敢有一丝松懈。这种活生
生的压力下，不敢出任何错误，否则"网民掐死你"。

做多了其实会发现，为公益奉献大量时间和精力的人，大
多都是"理想主义者"，他们对这个社会不太满意，想通过自
己的行动去改变些什么，即使很多时候只是无功而返。

我也不知道自己能在这里面再待多久，如果有了家庭责任，

我只能选择离开。

小龙，北京，2014 年 2 月

大众媒介在公益信息制作过程中一味推高公益的"道德门槛"，媒体塑造的雷锋形象便是这种"道德完美体"的一个典型。根据不同阶段的意识形态需要，雷锋随着社会主义改革进程中的政治和经济需要的改变，被政治话语建构成为符合当期政治经济形式的典型形象（陶东风，2010：103~116）。媒体对公益人和公益行动的报道需要深刻反思。

其次，这是人们对于公益信息过载的一种保护反应。加尔（Carr，2011）在《浅薄》一书中谈论了电子邮件如何压榨着人类搜索信息的本能，将大脑改装成一个无意识地被动接受信息的模式，还奢望这种压迫的方式能够像一块调色板一样，为个体带来信息与智力的给养。这位曾经任《哈佛商业评论》执行编辑的学者对信息过载的未来表示担忧。

从"信息匮乏"到"信息富裕"的过程中，公益信息的接触时长和接触频度与公众参与的程度呈正相关。然而，随着"信息富裕"向"信息过载"的转变，高透明度感知中出现"麻木青蛙"（Numb Frog）效应：生物学实验中，当对被试进行重复高强度的刺激到达一定数量之后，被试将不会再对刺激呈现任何应激反应。人类同样会对相同类别的高强度信息呈现出"麻木青蛙"的现象。对信息社会展开的研究中提到的"信息过载"或"信息超载"的担忧之一，就是信息富裕导致受众对信息的麻木。托夫勒（Toffler，1970）在《未来的冲击》（Future Shock）中提出"信息过载"（Information Overload）也称作"信息肥胖"（infobesity）和"信息中毒"（infoication），指技术带来信息输入超出个体认知和处理的能力，造成理解和决策的困难。在认知心理学中，"信息过载"这一概念被衍伸出大量的比喻，比如"数据烟雾"（data smog），其采纳和辐射的范围远远超出了心理学的范畴（Shenk，1997）。赛尔媒体上呈现的公益信息多采用"悲情"的手法来书写或者呈现，这种同情动员（Sympathy Mobilization）的方式遵循"刺激—反应"的机制，而当刺激过多、过频繁的时候，生物将会失去对刺激的反射。也就是说，公益信息过载会切断信息动员的反射弧。当悲情动员和呼号求救的公益信息随着"赛尔媒体"无处不在的神经蔓延到无处不在之时，也正是人们普遍对公益参与掩面而逃之日。

（二）权责与效率

中国现行的民间公益组织管理规定要求所有民间组织需要在民政部登记和备案，并且只有登记和备案的公益基金才具有开展公共"募捐"的资格。这一系列规定成为很多公益组织和公益基金募集资金的障碍。例如，壹基金在发展初期，苦于没有能够挂靠的民政部基金而迟迟不能开展公募，最终深圳民政局提供了挂靠的资质，壹基金的努力也在一定程度上推动了"珠三角"地区的民间公益合法化的政策空间。免费午餐的公募资格的取得也有类似的经历，邓飞通过媒体朋友和同事最终取得了挂靠某教育子基金的"孙子基金"的公募资格。

民间公益是否需要具备在现行体制政策下的"合法"资格，在公益界众口莫衷一是。取得挂靠资格的基金强调公募合法的重要性。不过我在访谈中也遇到了一些自身财力较强的民间公益组织或类组织，它们通过寻求和强调独立的立场定位来宣扬自己的公正与透明，其公益传播的目标群体瞄准一批同样对政府极为不信任的潜在参与者，书中提及的"双闪车队"就是一例。

有效性、权责性和合法性分别通过两个指标进行测量，六个测量变量（具体语句见第二章第二节）的协方差矩阵如表 5.4 所示。

表 5.4   有效性因子分析协方差矩阵表 Correlation Matrix

	有效性 1	有效性 2	权责性 1	权责性 2	合法性 1	合法性 2
有效性 1	1.000	0.542	0.530	0.544	0.504	0.512
有效性 2		1.000	0.561	0.494	0.501	0.615
权责性 1			1.000	0.643	0.474	0.563
权责性 2				1.000	0.540	0.488
合法性 1					1.000	0.658
合法性 2						1.000

探索性因子分析从弗鲁姆金测量框架中提取出一个因子，而并非元理论中所阐释的三个。这个因子解释了 62.238% 的方差变化。KMO 和巴洛特球度检验得到卡方值 Chi-Square=1563.266, 自由度 df=16, 显著性 Sig.=0.000。可以推断，将弗鲁姆金的公益核心问题的概念及测量运用到中国的公益实际情况中，其基本等同于"公益效度"（E）（Mean=23.50, Min=8.00, Max=30.00, Std.=4.11, N=556）这一个基本要素。对于其作用机制如何，下面需要进一步检验这个要素对公众参与的调节作用，方法同样是多元调节回归分析（MMR）的统计测量方法。

首先，模型中三个变量即公益效度、移动性近用和公众参与的相关系数矩阵显示，三个变量均在双尾检验 0.01 的置信水平上显著。公益效度与移动性相关（β=0.112，$p<0.01$），与公众参与相关（β=0.514，$p<0.01$），移动性与公众参与相关（β=0.179，$p<0.01$）。

然后，为避免多重共线性（multicollinearity），我们采用减去均值的方法对预测变量 M 与调节变量 E 分别进行"中心化处理"，得到中心化乘积项 $\overline{M} \times \overline{E}$。将乘积项与移动近用、公益效度与公众参与带入线性回归模型，乘积项统计检验在显著水平（β=0.123，$p<0.001$），具体如表 5.5 所示。

表 5.5　公益效度调节作用多元调节回归分析

	标准化系数 Beta	标准误 Std. Error	显著性 Sig.
常量	12.397		0.000
公益效度 E	0.489	0.078	0.000
移动性 M	0.135	1.083	0.000
乘积项 $\overline{M} \times \overline{E}$	0.123	0.243	0.001

因此有公益效度调节回归方程：

$$PE_E=12.38+0.14M+0.49E+0.12\ \overline{M} \times \overline{E} \tag{5.2}$$

（M：移动度 / 渗透度，E：公益效度感知）

接下来，对公益效度调节作用的考察同样采用中位数分组与均值分组两种方式进行，其回归系数如表 5.6 所示：①中位数分组，即表中左栏所示，通过调节变量公益效度感知（E）的中位数是 23 作为分组依据，比较公益效度的调节作用。②均值标准差分组，即表中右栏所示，通过调节变量均值左右各一个标准差的区域外各作为一组进行考察。$E_{low}<\overline{E}-\sigma$（即 $E \leqslant 19.39$，$N=100$）为低组；$E_{high}>\overline{E}+\sigma$（即 $T \geqslant 26.61$，$N=138$）为高组，然后在两组中分别进行线性回归统计分析。

表 5.6　公益效度分组调节作用的标准化系数及显著性

	中位数分组		均值分组			
	低组（N=246）$E_{low} \leqslant 23$		高组（N=311）$E_{hihg} \geqslant 24$		低组（N=100）$E_{low} \leqslant 19.39$		高组（N=138）$E_{hihg} \geqslant 26.61$
常量	−0.102		13.01*		4.617*		58.21*
移动性 M	0.434***	(2.55)	0.184*	(0.184)	0.474	(7.64)	0.138 (10.52)
公益效度 E	0.452***	0(.161)	0.247***	(0.214)	0.264**	(0.341)	−0.086* (0.571)
乘积项 $\overline{M} \times \overline{E}$	0.456***	(0.482)	0.010	(0.667)	0.716**	(1.007)	0.026 (1.97)
R^2	0.228		0.110		0.123		0.036

$*p<0.05$，$**p<0.01$，$***p<0.001$，括号中是标准误 Std.Error.

调节作用在一定范围内发挥效果：当公益效度感知较低的时候，移动度与公众参与呈显著的正向相关；当公益效度感知较高的时候，移动度与公众参与呈微弱的正向相关，也就是说公益效度对公众参与深度的促进同样存在"高度不调节"的特征。简单来说，当人们感受到公益有效性差、合法性低、权责能力较差的时候，个体参与意愿低，而增加个体的移动社会化媒体的使用程度、信息获取频度，能够带来公益参与程度的显著增加。而当人们感受到公益活动能够有效地帮助需要帮助的人、合法性高、权责能力较好的时候，增加个体赛尔媒体的使用不会带来公众参与的显著增加。分析其原因可以假设：当公益效度感知高，公益参与程度接近饱和状态，媒体的动员能力有限。

可见对于公益项目而言，坚持向公众报告项目的成就、项目的社会地位合法性、施助者与受助者之间的权责关系等信息有助于提高公益的公众参与程度，但是这种促进作用只在低效度的范围内起作用。

进一步结合质性资料分析，访谈中发现大量关于公益效度的"第三者"现象，简单来说就是，大量的公益效度和公益透明的信息，会带来对"他/她在审核"和"他/她在参与"的公众普遍参与的假定，从而为"搭便车"提供了心理基础。传播学中的"第三人效果"（Third Person Effect）源自1983年美国哥伦比亚大学的W.P.戴维森的研究《传播中的第三人效果》。戴维森发现传播中普遍存在的一种"感知定势"（perceptual bias），人们判断媒体的影响效果时普遍认为传播内容对"你"和"我"不会产生影响，但是可能会对"他"产生影响。

公益透明度的"第三者效应"表现为：其一，当人们普遍对公益透明度的感知较高时，会倾向将这种信息的普遍性等同于参与的普遍性。将信息的普遍想当然地等同于"他/她在参与"的推断，进而认为社会问题已经得到、或者正在得到解决，从而降低对自身效能感的预期，进而推脱公民社会责任或者简化履行社会责任的程序，像这样的个案并不罕见。访谈对象单峰（化名，"壹基金"捐赠者）如此介绍自己"不参与"的原因：

> 微博上和论坛里那么多的公益活动信息和照片，觉得这些问题有他们去做，已经足够了，多我一个不多少我一个不少。捐点钱，也算已经尽了善。
>
> 单峰（化名），武汉，2013 年 4 月

其二，对于透明度的监督与审核同样存在"第三者效应"的心理预期。人们普遍地将公益信息的透明度高等同于公益信息的可信度有保证，因为"虽然你和我不会去审计这些信息，但总有他／她会去履行对公益项目财报和年报的公民监督的职责"，因此信息透明是可信任的。

> 微博，现在跟央视也差不多。（我）不会去看（公益）项目的账单，去算它有多透明。既然敢公布,说明经得起公众监督。我为"大爱清尘"捐款、当志愿者，是因为曾经看到一个王克勤的演说，在优酷上的视频。[1] 我相信他，因为他是一个为穷人说话的调查记者。
>
> 徐敏，武汉，2014 年 2 月

谁有资格进行公众参与？这一问题在历朝历代都不乏激烈争论。孔子说"天下有道，庶民不议"，"民"被排除参与公共事务的资格，他们是政策的服从者；与之相对应，只有"人"才有资格参与到公共事务中。汉朝通过对到底是"天人合一"还是"天君合一"进行激烈争辩，宋代

---

1 徐敏后来将这段视频的网址链接分享予作者。视频内容是王克勤在"第五届中国企业社会责任高峰论坛"发表的演说。视频链接为 http://v.youku.com/v_show/id_XNjAxMTY1MjY4.html?from=y1.2-1-92.3.6-1.1-1-1-5&qq-pf-to=pcqq.c2c. [2014-03-16]。

士大夫鼓吹"先天下之忧而忧"从而谋取"与天子共治天下"。教育程度的提高，为平民有责任参与公共事务的观念做好铺垫，所以这一观念经清朝大儒顾炎武提出后，很快成为共识。至此，"人"与"民"的概念合二为一。

打破"人"与"民"的割裂，是在公众参与历史中获得平等身份的第一步，也是迈向现代政治文明的重大进步。然而，儒学强调责任，却未能赋予人民以权利。梁启超在 1915 年提出"匹夫有责"，人民在新文化运动中以"有责"的方式和热情投身公共事务。毛泽东式的"群众运动"是对"匹夫有责"的更为成熟的尝试，公众参与的群众是以"个体"方式组织起来的，个体有责然而无权，个人权力远低于责任，普遍的政治冤屈和回城知青无法就业的尴尬正是权责不匹配的后果。改革开放过程中个体经济的普及确认了"财产权"，中国的经济和政治环境变迁开始逐步矫正权责之间的不平衡关系。

贾西津（2008:3）认为，在中国，公众参与的本质意义可以被视为公民权利的实现。在中国的传统文化中，政府和民间形成了"包纳性"的权力结构，二者互为取舍、对立的主体。实现有序的政治参与，首先必须构建共享性权利结构，使公民权利的增长与公共治理的目标一致。而共享权利结构的基础，则是政府的公共性。

二、网络化的熟识与认同

"我在优酷上看到他的视频，所以我信任和认识他。"类似的逻辑并不少见，媒介化对日常生活的渗透，表现为口语在场的重现，同时叠加了心理空间的共享特质。而这种多重在场，正是通过"圈子"与"群"

相互迭代的方式实现了在全国范围内跨越社会建制的协同行动，正在创造一种介于"公域"与"私域"之间的空间。社会化媒体的移动属性具体如何促进公众参与过程中的个人化互动？通过对深度访谈的资料进行扎根分析可以发现，伴随化的社会化媒体使用通过制造熟识感（Familiarity）和共同感（Commonality）促成参与个体的公共事务私人化和私人事务公共化两个进程同时进行，进而推进了"群落"的生成。

（一）熟识：亲密的陌生人

熟识感（Familiarity）以交往频次、情感交流和生活圈的重叠等来衡量，同时这些因素也是熟识感的结果。赛尔媒体技术带来地方化空间与情境化空间的重叠，在真实互动基础上的熟识又增加了网络化的熟识，伴随式的使用方式渗透了公域与私域的区隔。

共同感（Commonality）的表现之一是"感同身受"，在心理学上称之为共情。由于赛尔媒体平台能够承载多元且不限数额的信息，并且通过微博大V的转发或者评论形成扩音效应，因此公益传播在赛尔媒体平台上实现了对求助者"赋权"的潜能，进而实现施助者和求助者之间的匹配。卡斯特（Castells，2009）提出"大众自传播"（Mass-self communication）的概念用以说明在融合媒体的环境中个体传播如何与大众传播实现对接。传统媒体单向传播和承载量有限，而互联网媒体的发展过程中对长尾和细分规律的应用，支持了"共同感"之间快速切换的连接。"大爱清尘"的志愿者谈及自己的参与感受：

> "因为懂得，所以慈悲"，这是我在听广播的时候听到的一
> 句话，也是我想帮助别人的原因。因为自己从小家庭条件不好，

现在家里变好了点，非常理解他们的处境。在自己能力范围内，能做一点是一点吧。一个男人，在农村就是家里的顶梁柱。男人倒下了，家也塌了。家里的老人和孩子，没有人照顾。600万人，背后是几千万人的亲人，生活将面临绝境。

徐敏，武汉，2014 年 1 月

具有定位功能的移动媒体还可以通过创造"共享时间"或者"共享空间"，增进公众参与者之间的"共同感"。移动媒体的使用表现出新的用户行为特征，比如公众参与协同行动中的"微协调"（Micro-Cordination）和"即时信息获取"（just-in-minute information）。在互联网信息技术所制造出来的"长尾"之中，这些功能又与各类公众需求结合，产生各种形态的应用产品。例如一款叫作"噢粑粑"的移动应用，通过移动终端的定位功能与在线地图的整合，使用户可以将公共卫生间的位置具体标注到地图上，并且对之进行卫生条件、步行距离等多个指标的评级。该移动应用设置的具有社交功能的后台还可以协助用户讨论与互助，有求助者成功获得周围用户的帮助，解决了没有卫生纸的尴尬。

再例如，"野生动物基金会"（World Wildlife Fund）组织的"地球一小时"（Earth Hour）活动就是一个典型的共享时间与共享空间的活动设计。这项活动始于 2007 年悉尼的一场"关灯行动"，直至 2017 年年底已经发展成为全球最大规模的环保运动，一共有 7000 多个城市以及全球 187 个国家和地区参与。"地球一小时"活动号召全球的人们在某天的晚上 20：30 到 21：30 之间，关掉所有不需要的电灯，作为向地球致敬的象征；通过时区的推移，形成地球上熄灯的接力活动。在线下，地标性的建筑（包括悉尼歌剧院、罗马斗兽场）等熄灯的照片在社交媒体上转载，也得到相当数量的大众媒体的报道；在线上，每一个参与的个体可以登录谷歌地图,通过地理定位信息留下自己参与活动的"碳印"。线上加线下的活动文案激发了不同时区不同语言同享"一个地球"的共同感,也激发了处于同一时区或同一语言区的人们之间的共同感。此类通过地理信息定位创造公众参与体验中共同感的案例实质上都是在挖掘赛尔媒体创造"共同感"作为公众参与社会动员资源的潜力。

另外,这种以熟识感为串联的行动组织,其基本单位是相互陌生的个体,虽然因为同一事件同处于同一情境时空,但由于没有在场空间的支持,没有亲疏远近的社会关系,他们之间相互成为"亲密的陌生人"(赵鼎新,2012),无法产生持续的情感连接,也不受更多的情感和道德的束缚。因此,其行动的走向一旦失去了"圈子"的主导,将会引入大量的不可知因素。比如,刘绩宏(2011)结合多元统计分析和社会网络分析方法,以求助信息的回应率作为测量公益信息传播的"意见领袖"的指标,发现在社会网络中承担不同角色的个人,其回应率有所差异。而这些回应率与日常的"地方化空间"中的交往密切相关。

在个体化社会的宏观背景下,"陌生人"在网络社会中发生"脱嵌"。这是由于网络技术本身所具有的匿名性、多元性及随之而来的个体身份的多元性、流动性、碎片性(Gergen,1991;Haraway,1998;Klingberg,2009)。脱嵌(Disembedded)这个过程使个体与种族、邻里、职业甚至阶层的认同中脱离出来,因此在当代社会中,意味着脱嵌意味着个体生活在陌生人组成的社会中(Dessewify,1996:599)。移动互联网的到来,意味着脱嵌的个体不再仅仅表现为网络中的身份/认同的表演、建构与现实身份/认同的分离,而逐渐出现了网络身份与现实身份的相互作用与影响。不过,作为网络行动者其多重认同也需要一个核心自我(Burkett et al.,2012),也就是公众参与行动者的意义来源的主要方面,才能缓和网络个体化社会的无序化和原子化倾向。

（二）认同：我的家谁的国

在脱嵌的过程中重新调试身份与认同的再嵌入，成为个体化社会整合的基础步骤。晚近的"民族国家认同"在信息传播技术环境和个体化环境中面临很多挑战，在特定的社会变革目标激励之下，容易从"对抗性认同"转化为"投射性认同"（Castells，1997；2007）。斯诺（Snow，2001）将"认同"置于社会学发展的历史中来梳理，尽管这一概念可以追溯到社会学的学科奠基人马克思和涂尔干，20世纪中的埃里克森和戈夫曼等人也都对认同进行了论述，特别强调其与政治的关系；但是直到晚近的现代社会中，这一个概念才更加强调"群体身份"的含义，而且通过认同政治（Calhoun，1994）、突发认同、民族主义、想象的社区、认同运动等概念来进一步廓清了其核心含义。在意义上，群体性认同的概念基础是对"我们"的情感和归属的建构，是群体性的主体性的认可。约翰斯顿等（Johnston et al.，1994：10~13）进一步区分了三种认同，分别是个人认同、群体认同和公共认同。Inglehart（1990：347）认为，梅卢奇（Melucci）所描述的人们寻找认同，来源于四个方面的社会变化，也可以称作是后现代的四个重要特征：物质的富足、信息的过载、文化可选择性增多、个人认同归属感的系统性缺失。

公益人将参与的所有活动在社会化媒体上的归类既不属于"工作"，也不属于家庭或朋友等私人生活，而是属于"精神类"，精神自然是伴随生活各方面。

> 我所有关心的和参与的公益活动，在微博上都归到一类，
> 我给它们命名作"精神类"。感觉现在工作节奏那么快，都市

生活的生活压力也很大，我们需要这些个"精神"类的信息和
参与。

陈少阳，北京，2013 年 12 月

　　卸除了各自公共的与私人的标准之后，公益人普遍在心理上按照"人
以群分"的假设认为参与者都是"我们"，或者用访谈对象最常用的评价：
"都是好人。"这种普遍社会信任的积累也是对"熟识感"的积累。因为
共同参与到群落当中，交往内容既包括工具性的活动目标，也包括个人
化的日常生活情感交流。因此，很多人在公益参与活动中结识了志同道
合的朋友，生活圈子的交集逐渐增加。熟识感积累到一定程度的个体可
能产生"未曾谋面却情同手足"的熟识感，"微博打拐"志愿者之一雪
姐的故事是其中一例。

　　作为一种温和改良的社会行动主义，公益活动参与也是在后现代社
会的物质富足、信息过载、文化多样化和系统性意义缺失的环境中寻找
身份认同的过程。但同时由于可选择的认同表现出多元特征，认同的建
构在地方化空间的互动和情境化空间及符号化空间中不断共融，表现为
个人化认同、群体认同和公共认同的矛盾与调整。与此同时，认同在行
动中不断生成。

　　在公众参与行动与认同相互生成的过程中，丰富的多元文化为认同
提供可选择空间，但同时对民族国家的认同却相对模糊。这一现象与公
众参与者的媒介使用实践经历相关，例如"大爱清尘"志愿者徐敏的公
益参与动机是"同情尘肺农民工"和"相信王克勤，因为他是一个负责
任的调查记者"：

　　我一般是不上新浪微博的，它跟央视没有区别。新浪微博
管理太严了，而且一年销号十万，稍微敏感点的都发不出去。

我不相信任何媒体，我希望说话最大限度的自由。

徐敏，武汉，2014 年 1 月

（三）群落：公私之间的域限空间

移动互联网的使用，在秦晖所言的"国家—社会"空间中撬动了新的运作机制，我们可以参考"教区化"的概念，将之运用到中华文化的本土语境之中，将之命名为"群落化"，或者"再村落化"（Re-villagization），向麦克卢汉"再部落化"（Retribalization）的洞见致敬。"群"是网络社会特别是赛尔媒体时代带来的公众参与的自组织方式，以弱关系和超社区议题为主；"落"取村落、部落之同义，指在场的传播结构。

对"群落"结构的讨论受到城市空间转型的相关学术研究的关注，相对应地，这一系列研究提出"教区化"（Parochialization）以把握介于公私域之间的城市空间特征。洛夫兰（Lofland，1998）研究发现当代信息技术环境中的城市呈现出三种社会空间，即公共的、私域的和"教区的"（Parochial）空间。公共的城市社会空间主要由陌生人网络组成，私域的城市社会空间主要由个人网络和亲密关系组成，而洛夫兰在此基础上补充了"教区领域"的存在，这第三种城市社会空间处于两种空间之间，其中的社会关系表现出相区分的特征：地理空间基于社区，人际关系网络基于邻居和熟人的人际沟通，有一定的共享体验（Sense of Commonality）（Lofland，1998：10）。邻里关系是教区领域的一个案例。值得注意的是，洛夫兰使用"领域"（realm）而不是"空间"（space）来描述，以强调这一空间更多地受到社会及文化规范而不是地理因素构成的制约。而且，"教区领域"（Parochial Realm）是高度语境化的，一个人的教区领域可能是另一个人的公共空间。

通过"群"的方式实现在全国范围内跨越社会部门的协同行动的方式，正在创造一种介于"公域"与"私域"之间的空间。新兴的移动互联网媒介技术，打破长久以来公域与私域的对立，并产生了一个新的中介型空间，可以理解为"群落化"。

"教区化"（Parochialization）与群落在社会功能上具有相似性。在普遍没有宗教信仰、没有教堂活动、邻里冷漠的当代都市生活中，推崇"慈善文化"，并通过具有还原在场功能的赛尔媒体塑造出的"群落"，是否有可能承担起洛夫兰在其城市空间学研究中所论证的区分于公共空间与私人空间的"教区的"（parochial）空间的功能，从而在基于地理社区的关系网络中熏陶出共享体验，复兴村落人格化交流，为都市人的后现代碎片化的生活重拾意义，找回"消失的地域"，值得继续深入讨论。

可以肯定的是，以公益项目或事件组织起来的任务导向的"群"，在个体的家庭生活和工作生活之外的闲暇时光提供了我们称之为"群落"的公共空间，这一空间在功能上类似于早期东方文化中的茶馆或者西方文化中的咖啡馆，都是公民参与公共事务的场所。与哈贝马斯对公共领域（Public Sphere）的概念相区别的是，"群落"不仅提供了协商民主这种"表达式"公众参与的土壤，更承担了包括公益参与在内的"行动式／实践式"参与的空间。

赛尔媒体的"伴随化"使用，渗透进人们的公共生活和私人生活中的空余时间。几乎所有的访谈对象都表示，自己的公益参与时间"说不清"：

> 说不清什么时候参与，什么时候不参与。感觉什么时候都可能看到、想到、关注到。闲下来的时候就会去做。也不仅仅是做微博上的热点公益活动，李连杰发起的壹基金捐款就是一

个。也会去帮忙身边的人，比如偏远地区的小孩子需要课桌，如果有人发起捐赠，也会尽一份力去帮忙。

林夕琪，海口，2013 年 8 月

雪姐在 2008 年就参加互联网打拐的公益活动，一直在青海做家庭主妇的她几乎将所有的闲暇时间都用于使用互联网特别是百度贴吧帮助他人寻亲和打拐活动中。2011 年她加入邓飞组织的"微博打拐"志愿者团队并逐渐发展成为核心志愿者。在活动开展中她认识了很多"好姐妹"，其中一个"姐妹"家住四川。2013 年雪姐的婚姻变故，在志愿者群众那里不断得到安慰和鼓励。素未谋面但心有戚戚焉的四川"姐妹"邀请她投奔在四川的大家庭。雪姐居然带着孩子只身抵达四川，并且在这位志愿者的帮助之下为女儿找到幼儿园、成为"微博打拐"项目的全职工作人员，领取稳定的薪资并且开始自立的生活。

移动化的社会化媒体通过制造"熟识感"（Familiarity）和"共享体验"（Commonality）创造了介于公域和私域之间的第三空间，推进公众参与"群落化"的过程。具体而言，赛尔媒体从抽象层面提供环境的功能带来公共事务参与度的增加，强于从具体层面将人们解放到"在场"场景带来的公共事务中人格化互动的增加。

网络空间是介于"公域—私域"之间的第三存在，其社会意义是一种介于之间的空间，还是一种新的存在？师曾志（2007；2009）围绕网络群体性事件的分析探讨信息技术环境中公民社会和公共空间的理论基础；胡泳（2008）认为网络舆论的"众声喧哗"正在模糊这一界限。可以说，"国家——网络社群——个人"的样态表明虚拟公共空间介入了国家与公民个人之间的垂直关系。下面通过三个案例进一步说明。

三、群落的权力空间：以 "双闪车队" 为主、结合"微博打拐""免费午餐"的扩展案例分析

"双闪车队"组织起源于 2012 年 7 月 21 日北京的大暴雨，当时众多市民被困路途，于是有网友自发亮起"双闪"去接送被困者，而且形成统一的规则就是只要打起双闪的车，"随叫随停"。2014 年 2 月，我曾经对"双闪"志愿者的核心人物顾先远进行深度访谈，其时"双闪"志愿者已经在北京发展为 14 个支队，除了以地区命名的支队（东城支队、丰台支队、顺义支队、昌平支队、朝阳支队等）之外，还有以其他身份为基础组织的支队（比如国安支队是球迷组织、金融支队是基于职业兴趣）等。截至 2018 年 2 月 20 日笔者再次统计时，"双闪车队"的爱心志愿者已经扩散到北京的各个区县，其组织运作模式和核心公益主题，还在广西桂林和南宁、西藏拉萨、海南三亚、河北秦皇岛、重庆等多个省市和直辖市得到了复制。这一个系列的组织结构相对松散，形成核心群内部联系紧密、核心群之间关系松散的结构。每个核心群内存在圈子，圈子与群的关系不断相互形塑。

这种松散的组织关系并不是独特的，但也不存在于所有的自发型的公益项目中。考察其运作机制与技术结构的关系具有必要性。总的来说，组织结构与各个活动所主要采用的媒介形态呈高度相关的特征，但各活动采用的主要媒介形态又是该公益活动在现有社会文化和相关民事规则所界定的空间中的合法性所确定的。因此，首先我们对合法性进行数据检验。

在调查问卷中我们通过对人们对自己参与的公益项目的合法性的感

知与公众参与之间的相关关系做出统计分析。结果发现，人们对公益项目的合法性的感知与人们参与公益的程度在统计学意义上具有弱相关性，在公益参与的行为类别方面具有一定的区别度（见表 5.7）。

表 5.7　合法性与 PES 二维度的相关关系

	客观合法性	主观合法性	互动度	参与度
客观合法性	1	0.685**	0.340**	0.385**
主观合法性		1	0.430**	0.457**

** 双尾 t 检验在 $p < 0.01$ 的置信水平显著。

用于测量公益项目合法性的两个题项是：Q1 项目向管理部门注册登记备案，地位合法；Q2 你认为项目执行者是否具有解决这类问题的资质（见附录 B），前一个也可称为客观合法性（Lo），对其进行描述性统计，Lo 的最小值 Min=1，最大值 Max=5，均值 Mean=3.88，标准差 Std.=0.207；后一项测量的是人们对该项目合法性的认知，可称为主观合法性（Ls），描述性统计 Ls 的最小值 Min=1，最大值 Max=5，均值 Mean=3.85，标准差 Std.=0.860。

皮尔逊相关数据分析显示，主观合法性与公众参与空间（PES）两个维度的相关关系高于客观合法性为高度相关（$R^2 > 0.49$），而客观合法性与互动度和参与度之间的相关关系为中度相关（$0.16 \leqslant R^2 \leqslant 0.49$），其相关水平有质的区别。公益项目的主观合法性对参与度的影响大于其客观合法性的影响。也就是说，人们主观上认为一个项目具有解决该类社会问题的资质，在促进公益公众参与的参与度和互动度方面，均比客观上该项目是否向民政部门登记取得合法性对公众参与的促进作用更为关键。

不过，某些网络舆论呼吁的"废除民政部登记制度"之类较为极端的态度，在实际的公益参与者那里并不能得到支持。客观合法性同样能够增进公众参与，只不过在效用上并没有主观合法性明显。访谈资料同样接受这一数据结论。"微博打拐"在挂靠民政部"孙子基金"取得公募资格之后，展开了与民政部的合作。

> 民政部每年派驻两个公务员到我们项目，他们可以在政策和行政手续上提供专业的帮助，同时完成项目审核和财政审批等工作。尽管与他们打交道确实不容易，有时候手续烦琐耗费时间精力，但是总的来说，他们带来的帮助是超过我们付出的成本的。光从每年项目向民政部交的管理费数额来看，我们交的钱都不够他们的一个月的工资，但是他们提供的服务远远超出管理费的价格。
>
> 小龙，北京，2014 年 3 月

民间公益项目在国际层面的法规政策中生存空间如何？按照孙立平等人（1999：7-8）的论证，在国家垄断绝大部分稀缺资源和结构性活动空间的情况下，这种垄断和配置格局形成了个体对于国家的高度依附性，在这个"后总体性"社会中的强国家—弱社会关系中，由于国家通过体制和结构的方式垄断了大量的资源，因此个人只能通过依附于国家和体制的方式获取生存空间。那么，通过独立运作的公益方式能否撬动这种强国家的依附模式？

"双闪车队""免费午餐"和"微博打拐"兴起的时间点基本类似，因此其所处的社会、信息技术环境具有类似的特性。以"双闪车队"的案例为主要案例，以"免费午餐"和"微博打拐"为扩展案例比较分析，可以分析赛尔媒体中介化过程中各种技术要素与组织模式所处的权力结构和社会语境。

（一）"微博打拐"：松动科层结构中的"传播失灵"

通过互联网媒体寻找儿童、向公安部举报线索的行为一直在民间自发运行着，2007 成立的"宝贝回家"网站是这一民间行动实现自组织化的里程碑。但是在微博的社会普及并且得到创意性的大规模社会采纳之前，"微博打拐"都"不可能有如此大规模的社会动员"（于建嵘，2011年采访）。2011 年 1 月 25 日，中国社会科学院农村发展研究所教授于建嵘在新浪微博设立"随手拍照解救乞讨儿童"项目，希望借网络力量，寻找那些被拐卖乞讨的儿童。开通的十几天里，就吸引 57 万多名网民参与。"打拐"在长期以来大都是政府行为，主要由公安部门负责组织，但是微博让公民"打拐"成为现实。技术发展为公民行动提供了广阔的舞台。网友通过街拍的方式上传乞讨者照片，为公安提供拐卖犯罪线索，依靠全民的力量来打击拐卖妇女儿童的不法行为。与"随手拍"打拐项目同行的还有《凤凰周刊》记者邓飞等人发起的"微博打拐"项目。该项目在 2012 年 5 月与中华社会救助基金会签订合作合同，成立"微博打拐公益基金"并从此取得面向社会公共募捐的资格。

公民参与打击拐卖的公众参与行为在社交媒体平台形成舆论，成为当时最受关注的社会问题。此外，微博平台疏通了普通民众与政府官员的传播渠道，并且逐渐在赛尔媒体平台上形成官民沟通的氛围。公安部打拐办主任陈士渠积极利用微博与网民沟通，及时发现线索，部署公安核实工作。制造舆论压力、推动社会显性议题、营造沟通氛围等因素的合力共同推进了公安部在春节前夕组织开展打击拐卖妇女儿童犯罪的专项行动，成为公民行动撬动政府行动、进而通过体制内资源共享解决社会问题的首例。

互联网技术能够有效地打破传统政治结构中的科层壁垒，提高效率。例如，潘祥辉等（2016）在对中纪委网站与"反腐"这一公众参与形式的过程中，提出网站具有"去科层化功能"，即互联网打破政治传播信息壁垒的功能。它能够推平政府与社会，尤其是政府科层体系内部的隔阂，使信息流通突破层级过滤，联通底层与高层，绕过中间层，提高政府与政府、政府与民意之间的能见度，进而优化信息环境引发政治问责的功能。在《去科层化：互联网在中国政治传播中的功能再考察》一文中，潘祥辉写道：

> 过多的科层等级与过长的"委托——代理"链条造成了政治传播中的"信息不对称"，地方政府官员因此可以"贪污"或"扭曲"来自上下的信息，不论上情下达，还是下情上达，都容易发生变形和扭曲。但互联网的出现使这种科层体制下的"传播失灵"得到了一定的改善。

潘祥辉，2011

（二）"免费午餐"：撬动强国家体制资源

不过，也有学者对"自上而下"或"自下而上"的说法持批判的立场，例如邓正来（2000）否定自上而下或者自下而上的说法，通过研究民营书店的案例分析提出了国家与社会之间的"互动机制"的论点。这种互动机制在"免费午餐"案例的具体操作过程中同样可以得到印证。

2011年3月邓飞通过微博呼吁山区孩子需要一份"免费午餐"，随后发起的"免费午餐"活动，挂靠在中国社会福利教育基金会下属基金，取得面向社会公共募捐的资格。"免费午餐"有专门的网页、微博和微信官方账号，并保持高频率的内容更新。据其官方数据显示，截至

2017 年 12 月底，"免费午餐"总共募捐到 36 859 万元，累计开餐学校为 762 所，分布于全国 26 个省市自治区，受惠人数达到 251 359 人。由于发起人邓飞本身的媒体人职业身份，"免费午餐"是最擅长使用信息传播技术的媒介传播功能、并能够调用相关传播资源的一个公益项目：在其发展过程中，特别注重多种媒体渠道的介入，既有传统的报纸、电视、广播的高效扩散和争取合法性的作用，也非常遵循微博、微信、网页等其他各类互联网传播技术本身特有的传播规律，在主观合法性和客观合法性中取得权衡。例如，"免费午餐"在争取体制内合法性的时候，就充分考虑到两种合法性在当下信息环境中的相互矛盾，并努力做出一定的协调：对基金会的选择需要考虑的主要因素一是信息公开，具有一定的社会公信力；二是能够在国家和社会之间拓展自由活动的政策空间。

> 这个"福基会"在自己的网站上公开募捐数额，这在当时比较罕见，可以证明它比较规范。更重要的是，在民政部的几个直属基金会中，它比较小，我们可以有更大的自主权。
>
> （邓飞，2014：18）

"免费午餐"接下来的发展与"微博打拐"的情节相类似：民间公益行动逐步形成社会舆论压力，设置媒体议题，进而推动国家层面的政策变革。2011 年 8 月，时任国务院总理温家宝在《一定要把农村教育办得更好》发言中部署道"国家将安排资金，在中西部贫困地区为农村中小学提供营养补助，让孩子们吃饱吃好"；紧接着在 2011 年年底，国务院和教育部启动"营养改善计划"，从宁夏南部山区九县区的 26 万名小学生开始进行"营养午餐"的试点工作。而此时，邓飞等人发起的"免费午餐"调整自身定位为"做好模式，交给国家"（邓飞，2014:81）。

截至 2013 年 11 月，"免费午餐"共公募款超过 7000 万元人民币，参与人数将近千万人次，项目惠及约 7 万山区学生，共进驻了 328 所山村学校。与之配套的政府专项拨款能够调动专项拨款、地方政府行政力量推行乡村儿童的营养改善计划。在后期实施的实际情况中，"免费午餐"与"营养改善"两个项目并没有实现合并，甚至因为地方政府在实施过程中官商勾结以权谋私爆出丑闻，二者之间关系一度剑拔弩张，呈现出竞争关系。不过，从总体上来看，发端民间的公共行动通过形成舆论、策略性地取得较大自由度的合法资格、疏通赛尔媒体传播渠道等方式，松动国家垄断资源之下的社会空间，通过行动逐渐培育出强健的公众参与文化，进而形成社会力量撬动国家资源的长效机制。

（三）"双闪车队"："小型共产主义社会"

"双闪车队"缘起于 2012 年北京"7·21"暴雨，是一支民间发起的爱心车队。暴雨当天，众多市民被困途中，当时机场轻轨停运，大雨致机场大巴、出租车等都无法正常运送旅客，公共交通几近瘫痪，首都机场各航站楼内也出现了大量旅客滞留现象。一位名为"菠菜X6"的网友在微博上发文，号召有车一族去帮助被困市民；随后有近 500 辆私家车自发赶往机场，接回 600 多名滞留在机场的旅客。当天这些车以打开双闪为统一标志，并在微博中表示"开着双闪的车，随叫随停"。这一行动在大量微博的转发下迅速传播，成为"7·21"暴雨中的一个热门话题。随后这些打着双闪、无私奉献的爱心车主有了一个共同的名字"双闪志愿者爱心车队"。暴雨之后，"双闪车队"志愿者们希望能将"双闪精神"保留传递下来，7 月 24 日他们开通了新浪微博，取名"双闪车队"。当天微博粉丝人数就破了 4000。随后的"双闪车队"成为一支民间爱心队伍，公益爱心活动也不仅仅限于在灾害天气接人送人，而是组织起一股民间力量，定期组织公益活动，去帮助那些亟需援助的人。

"双闪车队"最早都由核心志愿者从微博发起，通过微博发布、私信等组织线下活动。此后，为了使组织成员更有认同感、提高参与度与辨识度，"双闪车队"启动了人员的认证工作，认证成员要求并不高，但需要满足最低条件并至少参与过一次车队公益活动。为了更有社会辨识度，他们统一设计了"双闪车队"的车标，并且制作了车顶灯为认证队员发放。如今认证队员已超过 1000 人。

在管理方式上，"双闪车队"是一个较为松散的纯民间组织。其核心成员的主要工作是策划活动、发布信息、统计组织志愿者。组织活动都是通过微博、微信向队员以及社会公布。随着队伍的扩大，组织结构日趋完整，按照地域和兴趣爱好，逐渐形成了"双闪车队"总队、地区分队以及国安分队等十几个分队。通过微信群的方式，各支队队内、总队对各支队发布信息、组织活动。

"双闪车队"一直坚持做纯民间组织，不挂靠任何其他单位。在公益参与方式上，最核心的是在灾害天气条件下免费接送旅客；此外还包括物资运输、物资捐助等。为了保持车队的公信力，"双闪车队"一直坚持不接受队员的捐款，只做物资捐助，并且当期捐助当期发放。所有人都是参与者，所有人都是监督者。阿伦特在其著作《人的境况》中写道："即使在没有权利的地方，权利也会突然迸发，只要人们开始'协力行动'（act in concert），就能出人意料地从表面强大的政权中撤退。""双闪车队"显然希望通过协同行动形成一个与既有的授予式权利相比肩的组织结构。

北京"双闪车队"中每个成员引以为傲地描述自己的组织是一

个"小型共产主义社会"，他们拒绝了任何来自民政部门和其他权威公益组织的"收编"力量。他们是在首都北京拥有自己的事业、产业和人脉的群体，"行侠仗义"是"双闪"队员们自认为获取社会肯定的方式。

> 有不少基金啊组织啊的找过我，说是愿意接受我们挂靠。但是，我们不当枪，也不当傀儡，我们要做自由的民间组织。队员都说我们是一个"小型的共产主义社会"。我们做的不是为了发展壮大，我们只是聚合一帮人，做好事，被动地发展壮大。我们不整那些，社会上也都相信我们。连卖菜的菜卖不出去，都找我。刚好我们队员有做经销的，还真帮他解决了问题。
>
> 顾先远，北京，2014 年 3 月

通过自下而上的草根力量撬动政策空间，推动社会力量进入国家垄断资源的层面的路径，不仅在传统的民族国家（nation-state）中适用，在全球化背景中也疏通了撬动国际范围内资源垄断空间的可能性。尽管宏观层面上本书仅对国家—社会作出探讨，但跨国和全球的公益传播必然是后续研究的一个重要方面。塔罗（Tarrow，2005:25）探讨了集体政治抗争行动走向全球化过程中与原有的抗争行动构成的异同。他认为，影响集体行动规模扩大的世界背景是"世界化"（internationalization）而非"全球化"（Globalization）。世界化为全球化提供发展的基础框架，也为集体行动者提供了结识、认同其他来自世界各地与自己相同的行动者的机会，进而形成了跨越边界的联合（coalition）。塔罗用一个精妙的比喻来描述这一历史进程："跨国的集体行动……如同拍在世界沙滩上的浪花，尽管有时会退回到国家层面的海洋中，但是其海岸上留下的变化正在逐渐积累。"

四、本章小结

本章从"公域—私域"结构角度观察社会个体的空间实践，即公民在社会空间中的迁徙移动及其日常体验（de Certeau，1984）。第一节考察了信息的公开透明、公益项目的权责和效率对公众参与程度的调节作用，数据发现信息过载和过度强调效率都不能够促进公众参与，原因是对"他在参与"的虚幻的社会假设。

第二节从组织的层面切入，在"公域—私域"的框架中对上一章中提出的"群"逻辑进行考察，发现赛尔媒体的伴随式、碎片式、移动式等属性使公众参与个体通过建立了"熟识感"（familarity）和"认同感"（commonality），在模糊公私界限的基础上开拓出一个我们称之为"群落"的新的公众参与空间。"群落"介于公域和私域之间，具备群的开放链接、事件原点等特征，又具有圈子的认同基础、人格化的社会互动等特点。"落"即是取其回归村落关系文化中人格化互动的含义。最后，将"群落化"与城市空间"教区化"（Parochialization）进行理论对话，讨论公众参与空间的群落承担起教区的培育公民精神和公民技能的功能的可能性，以及这一空间所具有的多重模糊边界的特征。

第三节从宏观的"国家—社会"空间的层面切入，首先探讨公益项目"合法性"的必要性，数据分析发现公益项目的"主观合法性"（民众认为该项目是否具备解决此类社会问题的资质）对公众参与的促进大于"客观合法性"（该项目是否在民政部登记以及挂靠基金取得公募资格），但并不否定客观合法性的作用。其次，通过对"免费午餐""微博打拐""双闪车队"这三个公益项目进行扩展案例分析，讨论舆论压力和公共空间实践如何实现了对"强国家"资源的"撬动效应"。

本章参考文献

邓飞. 免费午餐：柔软改变中国 [M]. 北京：华文出版社,2014.

邓正来. 市民社会与国家知识治理制度的重构——民间传播机制的生长与作用 [J]. 开放时代,2000(3):5~18.

韩俊魁,纪颖. 汶川地震中公益行动的实证分析——以 NGO 为主线 [J]. 中国非营利评论,2008(2): 1~25.

胡泳. 众声喧哗：网络时代的个人表达与公共讨论 [M]. 桂林：广西师范大学出版社,2008.

贾西津(编).中国公民参与——案例与模式 [M]. 北京：社会科学文献出版社,2008.

罗胜强,姜嬿. 调节变量和中介变量 [M] // 陈晓萍,徐淑英等. 组织与管理研究的实证方法. 北京：北京大学出版社,2008.

刘绩宏. 利他网络与社交网络的拟合——关于微公益信息传播效果的改进 [J]. 新闻界,2011(8):85~91.

潘祥辉,龚媛媛. 反腐直通车：中纪委网站的"去科层化"政治传播功能 [J]. 中国地质大学学报（社会科学版）,2016(3): 148~155.

潘祥辉. 去科层化：互联网在中国政治传播中的功能再考察 [J]. 浙江社会科学,2011(1):36~43,156.

师曾志. 沟通与对话：公民社会与媒体公共空间——网络群体性事件形成机制的理论基础 [J]. 国际新闻界,2009(12):81~86.

师曾志. 近年来我国网络媒介事件中公民性的体现与意义 [c] // 北京大学新闻与传播学院（编）.北京论坛会议论文集.2007,368~386。

孙立平 等. 动员与参与：第三部门募捐机制个案研究 [M]. 杭州：浙江人民出版社,1999.

陶东风. 雷锋：社会主义伦理符号的塑造及其变迁 .[J]. 学术月刊,2010,42(12).

张银锋,侯佳伟. 中国微公益发展现状及其趋势分析 [J]. 中国青年研

究 ,2014(10):41~47

赵鼎新 . 赵鼎新谈微博与公共空间 [N]. 东方早报 ,2012,5~13.

钟智锦 . 社交媒体中的公益众筹 : 微公益的筹款能力和信息透明研究 [J]. 新闻与传播研究 ,2015,22(8):68~83,127~128.

Aiken L S, West SG, Reno RR. 1991. Multiple Regression: Testing and Interpreting Interactions[M]. Thousand Oaks: Sage.

Toffler A. 1970. Future Shock[M]. New York Amereon Ltd.

Burkett L M,Steele C M, Bestelmeyer B T, Smith, P L and Yanoff S. 2012. Spatially Explicit Representation of State-and-transition Models[J]. Rangeland Ecology & Management, 65(3): 213-222.

Calhoun C J. 1994. Social Theory and the Politics of Identity[M]. New York: John Wiley & Sons.

Carr N. 2011. The Shallows: What the Internet is Doing to Our Brains[M]. New York: W. W. Norton & Company.

Castells M. 2009. The Power of Identity: the Information Age: Economy, Society, and Culture[M]. New York: Wiley-Blackwell.

Castells M. 1997. Power of Identity: The Information Age: Economy, Society, and Culture[M]. Hoboken: Blackwell Publishers, Inc.

Castells M. 2007. Communication, Power and Counter-power in the Network Society[J]. International Journal of Communication, 1(1): 29.

de Certeau M. 1984. The Practice of Everyday Life[M]. Berkeley: University of California Press.

Dessewify T. 1996. Strangerhood Without Boundaries: An Essay in the Sociology of Knowledge [J]. Poetics Today, 17(4): 599-615.

Frumkin P. 2006. Strategic Giving: the Art and Science of Philanthropy[M]. Chicago, IL:University of Chicago Press.

Gergen K J. 1991. The Saturated Self: Dilemmas of Identity in Contemporary Life[M]. New York: Basic Books.

Haraway D. 1998. The Persistence of Vision[M]// Mirzoelf N (Eds.). The Visual Culture Reader. London: Routledge: 191-198.

Inglehart R. 1990. Culture Shift in Advanced Industrial Society[M]. Princeton: Princeton Uni versity Press.

Johnston H, Larana E and Gusfield J R. 1994. Identities, Grievances, and New Social Movements[M] // Larana E. New Social Movements: From Ideology to Identity. Philadelphia: Temple University Press.

Klingberg T. 2009. The Overflowing Brain: Information Overload and the Limits of Working Memory[M]. NY: Oxford University Press.

Lakatos I, Worrall J and Currie G. 1982. Philosophical Papers. Volume I: The Methodology of Scientific Research Programmes[J]. Mathematics, Science and Epistemology.

Lofland L H. 1998. The Public Realm: Exploring the City's Quintessential Social Territory[M]. New York: Aldine de Gruyter.

Shenk D. 1997. Data Smog: Surviving the Information Glut[M]. Harper Collins Publishers.

Snow D. 2001. Collective Identity and Expressive Forms[J]. UC Irvine: Center for the Study of Democracy. https://escholarship.org/uc/item/2zn1t7bj. [2018-02-23].

Tarrow S. 2005. The New Transnational Activism[M]. Cambridge: Cambridge University Press.

第六章 并置与阈限：公众参与组织形态的多态结晶

我们失职并非因为我们试图建设一个新的东西，而是因为我们不允许自己去考虑新科技瓦解了什么。我们并不是因为发明和创造而陷入麻烦，而是因为我们认为它可以解决一切问题。

——雪莉·特克尔（Sherry Turkle）

不论从什么角度来看，从来没有一种传播技术像今天的互联网这样，为公众提供新的"人的境况"（Arendt，1958），也从来没有一种传播技术像今天的互联网这样，为公众的参与带来了无限的挑战。互联网技术本身所具有的平权、个体、民主、自由选择、分散等特征，决定了每个网民都可以在个体的生活空间、模糊的实践空间、开放的公共空间中过着多重的人生，空间的多重性将"公共性"的问题摆在研究者面前。尽管仍然受到资本力量和政治权力的影响，但传统的对公共空间的理解和规制方式显得不大行得通了。这其中的核心问题是，我们如何把握新的传播环境和其中公众参与的自组织逻辑，还有这些逻辑与传播条件及权利关系的互构机制。

至此，本书提出的核心问题在第三章至第五章得到了经验性的回答与阐释。本章将对这些经验性的回答做出提炼性的总结，并且结合传播学的空间转向理论的新近成果，对开篇提及的本研究的关怀志趣即传播的公共性的问题，做出一定的回应与展望。

一、空间并置与重构在场

社会科学中探讨空间的社会形式，体现在超越历史经验、超越过去与现在的"技术—社会"结构。在深层次上，社会学对时空问题的探讨实际上仍与物理学中以弦理论为代表的时空复杂性保持一致。空间是共享时间的社会关系的物质基础（Castells，1996）。谢勒（Sheller，2004：39）相信研究移动传播、物理空间和人群这三者之间的复杂关系具有学术价值。理解空间实践的关键在于采用"中介化"的技术视角来重新审视信息技术的传播逻辑与社会影响。引言中，我对蒂利的空间理论加以改造，将公众参与的空间概括为地方化空间、情境化空间、符号化空间和泛空间四个层次。地方化空间（Localized Space）是此时此刻的"此地"，是公众参与行动开展的物理空间。情境化空间（Contexted Space）超越物理地方为基础的限制，以交往规则和认同感界定边界。符号化空间（Symbolized Space）是附着了社会意义的地点空间和非地点空间。泛空间（Bare Space）与空间的本质含义无关，是对其他社会影响因素的比喻性说法。

（一）移动中介与日常空间实践

"公众参与"指的是公民试图影响公共政策和公共生活的一切活动，也可以视作公民在社会空间中的迁徙移动及其日常体验（de Certeau，1984）。本书将之概括为表达式的公众参与和行动式的公众参与两种类型。公益与慈善作为温和改良社会的公众参与行动，在空间实践和实践体验方面具有代表性，因此作为主要的经验性研究对象。

作为日常的空间实践，第四章依据公众参与的参与度和互动度构建了"公众参与空间模型"（PES），总结了四种公益参与的行动模式，分别是最小化、积极化、个人化和因循化的参与模式，在公益行动中分别对应点击主义、公益创新、话语协商和单位动员四个类别。

移动技术对日常生活的深度渗透，使日常空间实践具有多维度并置与快速切换的特点。这背后需要对移动技术进行仔细的分析。本书的第一章对正在兴起的"移动传播"研究领域进行系统综述，总结了"移动传播"研究领域的主要议题，概括为同时在场（Co-Present）、移动性（Mobility）、遍在化（Ubiquitous）以及微协调（Micro-Coordination）这四个关键词。以此为基础，"赛尔媒体"（Cell-Media）的概念得以提出并用来描述这样一种技术实在及其社会意义：具有遍在性、伴随性（Portable）的传播技术，以智能手机、平板电脑、可穿戴设备等接入互联网特别是社交媒体的使用作为其物质基础，以微协调和同时在场为其功能特征，对公众参与（特别是网络行动）的影响遵循特有的辩证传播逻辑，对公众行动的地方化空间（在场）、情境化空间和符号化空间层面的中介作用表现出不同的机制。

第三章通过数据进一步分析"移动"技术的影响：其一，移动社交媒体含有信息和社交两个面向，主要功能包括微协调和自我展示。信息与社交这两个媒介偏向，既是信息技术自身的属性，又是行为主体能动地"驯化"的结果。其二，"移动"的属性同时与信息面向和社交面向相关。移动确实能够为公众参与行动者的"在场"交流提供技术便利，不过这种基于赛尔媒体的在场的交流状态的发生有一定的条件，即明确的任务导向和时间压力。

（二）空间的并置

也正是出于"在场"转换的条件，地方化空间与情境化空间在大部分公众参与行动中同时存在。因此上述 PES 空间中四种个体行动模式所生发和运作的空间并非绝缘的分界，而是呈现个体实践空间的并置。并置（Juxtapose）在电影剪辑艺术中指的是将两个或多个镜头放在一起以制造比对或冲突的效果。

理解日常生活实践空间的多重并置，需要从媒介化和中介化的传播理论来切入。媒介化理论的核心是主张对沟通相关的技术进行适当的主体化和建制化，即在研究中必须处理与媒介形式和媒介实践有关的"惯习"。媒介化理论着眼宏观,建制化的思路必然演绎至"媒介逻辑"的概念，但是难以回应媒介中心主义的批判，对移动互联网环境下的很多新现象也缺乏解释力度。相对地，中介化着眼微观和中观层面，在承认传播技术的物质属性（和由此伴生的地域空间实践）的基础上，主张辩证的传播逻辑。中介化的概念具有双重性质，它不仅包括工具，还包括个人和集体的行为；既包括组织性的物质层面，也包括物质性的组织层面。由于"中介"的概念具有空间面向而更具有包容性和解释力，在实证研究中主要采纳"中介化"思路来分析公众参与的组织和空间。

空间并置是个体实践被移动技术中介化的结果。在本书中，空间的并置被理解为"在场"的行动空间与"在屏"的表达空间在公众参与项目中的扭合（第四章），以及在熟识和网络化认同的基础上发展而来的公域和私域的边界模糊（第五章）。

"在场"的交流，以及发生在实体的地方化空间中的体验，在当下信息通信环境中，成为"复数"（Drew & Chilton 2000: 151），具有了多重的意义维度。

（三）重构的在场

通过几个维度空间的并置，公众参与空间的"在场"特征被不断重构。总的来说，我们可以从三个方面来理解公众参与空间的重构机制。

第一，空间意义的重构带来时间意义的非线性。时间和空间是人类组织生活的根本物质维度。媒介是定位时空的重要因素。黑格尔曾描述道，日出时阅读报纸是一种现实主义的清晨祈祷。不论人们从上帝出发，或者从世界的意义出发，都得到了同样的确信——定位自己在哪里（德布雷，2014: 262）。在电报时代，公众参与主体的关系脱离"在场"的限定，自此以后，参与方式如同打开了潘多拉魔盒一般日趋多元。

在移动中介化重构的在场空间内，空间上抽离可以通过时间的非线性得以解释。这种空间上的抽离相伴生的是时间上的不同步。在空间视域的媒介研究中，"在场"可以在"时间—空间"二维度中得以界定。时间维度下的"在场"包括以下几层含义：其一，行为主体的共同在场，意味着他们共享时间；其二，共享的时间内发生的协商机制是"耳朵贴耳朵"的，对互动的频率、回应的对称性有所要求；其三，共享的时间流逝带来共同的生命体验，认同共有的文化观念和意义体系；其四，共享时间有时还应考虑到阶级和阶层的意味，较低社会等级在时间的节奏、礼俗意义的时间界定等方面处于从属地位，而相对较高的社会阶层对时间的度量单位、赋予意义（例如确定节日、纪念日等）则具有主导地位。

第二，我们由此提出"群落"这样一种基于移动互联网传播逻辑的组织形态，作为空间重构的组织形态。赛尔媒体所具有的伴随式、碎片式、移动式等特征，使公共参与个体通过建立了"熟识感"（Familiarity）和"认同感"（Commonality），进而在模糊公私界限的基础上开拓出一个我们称之为"群落"的新的公众参与空间。"群落"介于公域和私域之间，具备群的开放链接、作为原点的新媒体事件等特征，又具有圈子的认同基础、人格化的社会互动等特点。"落"即取其回归村落关系文化中人格化互动的含义。然而，这种回归却不可能是完全的。经由"第二屏"中介之后的人类互动，不仅对人的自我产生改变（Turkle，2005），而且构成一个多用户、多圈层的互动关系，麻省理工大学的雪莉·特克尔（Turkle，2011:12~13）教授称之为 MUD（Multi-User Domains），她引用一位名叫道格的学生的描述来说明信息技术对人类社交互动的改变：

> 我的想法被分割为很多个窗口……而且我越来越擅长这种分割……我好像能在很多个窗口中，看到不同的自己……现实生活，不过是其中一个窗口，而且我在这个窗口表现得往往不大好。

Doug, 2011

第三，更进一步理解传播逻辑的空间重构，需要厘清使这种重构得以实现的技术基础的技术主体性，即赛尔媒体对公众参与的个体参与机制、组织逻辑、监督方式、参与环境造成的影响。首先，作为广泛的公众参与的"促成平台"（Facilitator），移动使用的社交媒体不仅能够实现信息的流通，对于公益活动而言，更重要的是能够提供电子货币以高效、透明、简便的方式实现流通，并催生出网络义卖、爱心单品、淘宝公益店、团购等小额公共募捐方式，不断推陈出新。这种在赛尔媒体环境中广为采纳、具备微公益文化特征的"小额捐赠"，是一种兼有表达参与和行动参与的参与方式。其次，赛尔媒体作为一种"存储平台"（Reservoir）具有承载信息和承载关系两个方面的功能，其中对"关系"的承载是社会化媒体特有的功能，疏导得当则具有相当的建立社会资本的潜力。基于互联网的信息存储平台可以实现海量存储以及数据库内基于关键词检索，例如淘宝网站中搜索"壹基金"可以得到包括月捐、日捐、爱心单品、李连杰签名物品等信息；在微博中搜索"免费午餐""让候鸟飞""微博打拐"等关键词不仅可以汇总得到相关信息，而且可以形成同一话题下社会行动者的汇聚甚至行动者形成的关系网络。这种基于赛尔媒体关系平台所形成的网络具有低度认同、高度异质的特征，有效的疏导机制能够促成联结型社会资本的积累。

二、行动阈限：序列组织与界面组织

本书进一步用"社会资本"的两个维度，即联结型社会资本和黏合型社会资本，作为观察和测量中介化的组织结构的工具。公众参与的主体如何形成组织，中介化的组织在行动中如何生成，是本书最感兴趣的问题。

在媒介化视域下，"公众"（the Public）的姿态一直处于变化中，然而从未像今天这样诡谲多端。他们戏谑地谈论政治，他们严肃地讨论游戏；他们热心地评论新闻，他们冷酷地围观"大事儿"。他们万众一心时，发端民间的议题最终促成总理案头的国务院令；他们支离破碎时，众声喧哗却难成合意，拍砖者无数、行动者寥寥。新兴的信息传播技术（Information Communication Technologies，ICTs）照出"公众"众生相。不过，传播技术有时是平面镜，照出镜像世界；有时是哈哈镜，只为戏谑和恶搞提供了舞台；有时是放大镜，牵出"新媒体事件"。有时，技术框定了公众本身，技术就是公众，模糊了虚拟和真实之间的差异。

手机等移动终端以"无处不在"（Ubiquitous）的方式嵌入到生活进程中，公众互动从"在频"走进了"在屏"。电视和互联网都是"在频"，因为它们是一种静态的媒介使用方式。而手机则是"在屏"，是动态的使用方式。对"在屏"的移动性是否具备将人们还原到"在场"的能力这个问题，数据无法给出完全肯定的回答，因为"在场"互动涉及权利空间和政策规定，所以其衡量难以标准化，只能从组织的角度来切入；不过质化研究的结果让这一图景变得更加饱满。移动互联网这种新的媒介形态，给社会行动者的组织方式带来新的变革，体现在行动空间的阈限状态上，带来了以"群"和"圈子"为两种典型状态的"界面组织"形态。从文化人类学中的"阈限性"这一理论着手，我们进一步阐释研究发现的理论意义。

（一）阈限与行动阈限

边界的渗透、争议和僭越在媒介化的现代生活中十分常见，其中既交织着多重宏观和结构性力量，包括人力和信息流动的全球化、时空压缩的资本；还包括以移动化和网路化为特征的新媒体的普及（Adams & Jansson，2012）。潘忠党和於红梅（2015）主张，通过人类学中"阈限性"的概念，来从传播学的视角理解这些变动的趋势中所包含的不确定性和多元性，从而理解在中介化世界（Mediated World）中人们的日常传播实践与城市空间及其格局之间的互构（Mutual Constitution）。传播与空间的互构观是 2016 年前后探讨新媒体技术与城市空间的研究中正在形成的一个理论分析路径，其基本观点是传播与空间相互依存和相互构成，既包括"空间的社会生产"（Lefebvre & Nicholson-Smith，1991），还要考虑具体历史时期的政治经济逻辑构成空间的生产和结构的主干。传播包括技术的中介、传播的实践以及传播所关涉的再现（Representation）。美国文化人类学家洛（Low, 2009:22）认为空间与场所的分析应该是"趋向过程的、以人为本的、容纳能动性与新的可能性的"，而且应该对场所（Place）和空间（Space）做出区分，传播空间的符号维度和物质维度需要得到同等的关注（Couldry & McCarthy，2004）。空间蕴含于实践之中，也可能在事件中得以生成，形成情境化的空间（Massey，1995），作为一种潜能存在于人们行动的时刻。场所的开放和交汇之处，也是各种特定组合的活动空间、影响力与关联的交汇之处。

阈限性（Liminality）在文化人类学中的原意是指一个仪式的中间阶段所具有的模糊和不确定性。在阈限性阶段，仪式参与者从仪式开始前的结构处位（Structural Status）脱离出来，但尚未进入仪式完成之后将拥有的结构处位。人类学家特纳（Turner，1979:465）运用并发展了这一概念，用它来指"模棱两可（Betwixt and Between）的状态和过程，它处于获取、消耗和维系法律秩序、处于结构地位等日常文化和社会状态的过程之间"，而处于边缘的地方或者时间段，正是这个结构之间的状况。因此在传播学视域中，我们可以理解"阈限"具有混搭和共融的潜力。经由阈限，人们获取共融的体验，这是一个主体及其能动性得以建设并经历的过程。阈限并非只是时间单元的特性，而具有突出的空间性。阈限空间往往是地域上的边界地带，穿越阈限，意味着思维和社会层面的转折,我们称之为"阈限空间"(Liminal Spaces)(Endsjo,2000;潘忠党 等,2015)。与前文所述的日常生活体验相联系,微观地说,阈限性同样强调的是一种生活的/亲历的体验(Lived/Living Experience),是人们在特定的时空点的体验;阈限空间是动态构成的,在情境变动中的。也就是说,空间不再是简单的"在场"或"地点化"空间的限定,而成为能够容纳关系、事件、实践的潜能型空间,同时允许公众参与的个体能够在模糊边界的空间中界定阈限体验的互动,并有生发于自身的内在结构逻辑。由此,我们回到了引言中所提出的重要问题:在当下的信息技术中介的社会空间中,我们所总结的四个层次的空间——地方化空间、情境化空间、符号化空间和泛空间——中的公众参与行动者的组织行动逻辑与辩证传播逻辑之间的互构的机制有什么规律,在什么条件下可能?

在流动的行动中,表达与行为相互转化,传播因此可以被理解为人们创造产生阈限体验的实践时空并在不同的身份、角色、场景、生存条件等结构性状态之间相互转换的过程(潘忠党等,2015)。阈限的空间在行动中得以生成,而且行动在多地方化空间和情境空间之间流动。

(二)序列组织与界面组织

"一种新媒介的长处,将导致一种新文明的诞生。"(Innis,1972)同时在场、微协调等移动媒体所具有的"媒介的长处",不仅带来组织方式的重构,还带来传播公共性的可能及学术反思的必要。

移动互联网嵌入日常生活,赋予公众参与的"自组织"潜能,在伴随化的状态中公民随时可能被组织起来以群和圈子的形式展开公益活动。在现代都市中,社交媒体致使人们如同分子般"以群的方式进行公共参与,以群的方式移动"(Humphrey,2007)。

研究发现公众参与者结群方式在赛尔媒体环境中呈现以下两种并行的逻辑：其一是群的逻辑。"群"（Mega-Communities）是开放的、流动的自组织方式，以成员的异质化和成员间的弱关系为基础，带来联结型社会资本。"群"与赛尔媒体的"信息偏向"相互联系与促进，符合赛尔媒体信息传播规律的事件是"群"生长的原点，传播规律便是自组织规律。不过，群逻辑对于"非常态化"的赛尔媒体事件传播的依赖，与民间公益实现"常态化"和专业化的自身发展规律相矛盾，我们称之为"公益传播悖论"。解决这一悖论的可供借鉴途径是开展线上与线下相结合的传播方式，围绕公益品牌展开公益创新和公益议题等，争取常态化专业发展与非常态化赛尔媒体传播之间的平衡，"曲停人未散"是解决这一矛盾的理想状况。其二是圈子的逻辑。"圈子"（Clique）是与"群"相并行的另一种自组织逻辑。圈子是相对闭合的、稳定的自组织方式，以成员同质化和群体内强关系为基础，带来黏合型社会资本。"圈子"与赛尔媒体的"社交偏向"相互联系和促进，成员间的"认同"是群的生长点。圈子对于认同的强调与中国语境中的"关系"文化高度契合，可以解释数据检验中为何赛尔媒体信息偏向与社交偏向同样与黏合型社会资本显著相关。

圈子与群表现出高度的流动互动属性，而不仅仅停留于"圈子带动群"（沈阳 等，2013）这样的静态的、一次性的描述。沈阳提出了群内动员、跨群动员和超群动员的三种动员模式。群内动员表现出"小团带动大群"的特征，其中的"小团"是以公益团体为核心；跨群动员中动员话语的归因框架和解决问题框架分别在产生愤怒和培养信任方面致效明显；超群动员方面，公益团体需要取得媒体属性议程上的良好新闻角色，才有可能达成理想的动员效果。但缺少对三种动员模式之间机制转化的讨论，研究方法上也缺乏连贯性。

实际情况是，在圈子和群的中间形成了一个阈限性的空间，这个阈限的空间由事件和认同主导，同时表现为一种序列的形态，以线性时间的推进为刻度；也可以表现为一种界面的形态，相对应时间刻度是凝固态而非流动态。

如果遵循具体的层级化结构和线性时间，那么这个阈限空间是序列型的。序列型的空间内，组织形态更容易受到情绪情感、既有权威的框定。例如，在 2017 年度《慈善家》杂志公布的慈善榜单中，当时流行明星 TFboys 高居榜首，让许多公益的长期观察者深感意外。线上的言论落实为线下的长期行动，都有向序列型结构发展的趋势。

与序列相对应的是界面组织的逻辑。以"网络"思维为基础的界面式公众行动，其本质上是反权威、去阶层的，时间是非线性流动的，对技术的理解是去对象化的。理解界面式的组织形态，可以遵循技术哲学大师拉图尔（Latour，2005）提出的"行动者网络"（Actor Network Theory，ANT）理论，将数字化网络（如社交媒体及其工具）、网络技术、媒体机构、互联网技术、政府部门等视为在连结网络的潜在的行动者（Actor）。这里，拉图尔所说的行动者不仅仅是作为行动的人，包括观念、技术、生物等非人的物体；任何通过制造差别而改变了事物状态的东西都可以被称为"行动者"。而且，行动者必须是行动的，所以要到行动的过程中去寻找和观察。在拉图尔的行动者网络理论中，有一组对立的概念是"转义者"（Mediator）和"中介者"（Intermediary）。中介者是将技术看作一个客体或"黑箱"，只是对意义和力量进行传送，作为中介的技术即使内部十分复杂，其所有的目的都旨在于传送（Transport）。但是，"转义"能够对本应表达的意义或元素进行改变、转译、扭曲或修改。正是因为采取了"转义"的态度和立场，拉图尔开启了所谓"联结的社会学"的视角，在对待群体行动、行动者、课题和关怀角度时采

取新的视角。（吴莹 等，2008）

本文所说的"中介"与拉图尔所说的"转义者"的含义及其研究立场是一致的。正因为把"转义者"的视角纳入对信息传播技术的思考，所以本书论证，存在于群与圈子两种组织逻辑之间的张力，存在于行动与表达之间的张力，存在于公众参与空间四个类型之间的转化与交叠，所有的这些在文中得以阐述和数据验证的辩证逻辑关系，共同构成了一个阈限性的空间。在这种视角下，移动传播媒体的作为社会行动者本身的能动属性得到确立，而"界面化"组织是承认这种研究社交的必然结果。

也就是说，容纳了技术转义性、权力分散性、参与空间流动性的组织结构，必然以"界面式"的形态存在，并遵循自身的运作规律。技术带来了界面式的组织，并且在权力对技术的辖治倾向中瓦解和重塑了界面式的组织形态。

具体到公众行动的组织层面，遵循界面的运作规律的活动能够兼顾地方化空间与情境化空间的弹性转化，从而具有现实动员的能力。例如，Facebook 曾在 2010 年 12 月提出过"反对虐待儿童"的话题活动，邀请该社交网站用户将头像修改为自己儿童时期崇拜的卡通人物或者英雄的照片，持续到下周一（2010 年 12 月 6 日），让整个社交网络上没有一个"人像"，并且可以复制粘贴你的状态，邀请好友也加入到这个活动中来。

这个活动吸引了上百万用户参加，他们将自己的头像变成了神奇女侠（Wonder Woman）、摩登原始人（Fred flintstone）、塔斯马尼亚恶魔（Tasmanian Devil）等卡通人物，并积极分享，掀起一次不小的活动浪潮。然而，这次活动达到了什么效果吗？《波士顿先驱报》（*Boston Herald*）评论家劳伦·贝克姆（Lauren Beckham）批评道："沙发点击行动主义，也仅仅只能到此为止了。它不能带来任何改变。"但是，马萨诸塞州的"反虐童网站"（Massachusetts Society for the Precention of Cruelty to Children）

在 Facebook 的这一活动发生的那一周时间内迎来了网站访问量的突增，并且接受了 17 笔新的捐款。

多元主体间性共同促成协同互动、相互作用的网络，进而阐释由人与社交媒体技术构成的组织结构。

（三）行动阈限对传播公共性的启示

针对由于媒体的介入而产生的存在于公和私之间的阈限空间，汤普森（Thompson，2011）提出了"在公共的视野下"的研究关怀。在总结汤普森和其他同样关注传播与地域研究主题的研究者成果之后，中国的研究者开始发展出具有本土关怀的传播研究观，即从"共同体的趋向"（community orientation）来切入对传播公共性的理解。公共性体现在人们通过各种中介的手段展开交往和互动，由此构成的"之间的空间"（in-between spaces），在其间形成了体现"共同体趋向"的主体性关系（潘忠党 等，2015），在"居间的"体验和容纳性差异中，形成多元认同的交往，承认公共性是对主体间性的界定。

结合本研究而言，这种"共同体趋向"的传播公共性研究，不应该忽视一个特别重要的维度，即社会的中层组织的建构。

中层组织结构之所以重要，首先是由其社会功能和理论意义所决定的。科恩豪泽（Kornhauser，1959）认为理想的社会结构应该包括"政治精英——中层组织——民众"三个层次，并在其著作《大众社会政治》说明了中层组织的作用，包括：中层组织能够对精英政治进行组织化、民主化的控制；能够提供一个交往和讨论的平台，从而使民众对现实的感知更为真切；中层组织的多样性能够导致利益和认同感的多样化，从而降低民众被大量动员到一个极权运动中去的可能性。当社会中层组织薄弱时，民众有可能受到精英的直接操纵，也有可能通过民粹主义的手法直接控制精英。科恩豪泽的中层组织概念与"公民社会"（civil society）有很大的相似性，简单地理解，这就是一个政治实体中与国家和个人相区分的、社会中层组织的总和。不论是科恩豪泽为代表的大众社会理论，还是哈贝马斯为代表的公民社会理论（Habremas，1989；Seligman，1992；Kaldor，2003；Keane，1998），总体上都可以理解为是对极权体制和西方民主体制进行反思的结果。

正是出于这个重要的理论意义，本书的主体围绕组织层面的公众参与行动来展开。第四章讲的是中层组织内部的行动空间，第五章讲的是中层组织外部的运作调节机制，而第三章总结了新兴的移动互联网技术和社交媒体对公众参与的中观层面的影响，是带来了群和圈子两种传播逻辑。

"圈子"组织逻辑以强关系为基础，在组织形态上表现出闭合、稳定、互动频繁、成员同质化等特点，有利于黏合型社会资本的积累，"圈子"逻辑的生长以认同（identity）而不是以"赛尔媒体事件"为原点。

相比对的是信息偏向与群逻辑：从社会网络的角度来看，"群"或者"超级社群"（Mega-communities）正是在信息社会的流动时空中日渐凸显的基于"弱关系"的自组织逻辑，"群"组织逻辑是以弱关系（Weak Ties）为基础的，在组织形态上表现出开放、流动、互动低、成员异质化等特点。"群"框架有利于公众参与行动模式的多样化，有利于"群"内"联结型社会资本"（Bridging Social Capital）的积累。"群"的组织逻辑不仅是人与人之间的联合，更是"群"与"群"之间的连接，它削弱了固有的组织边界，临时性的、伴随化的联合模式成为"群"的中坚基础。信息偏向促进群逻辑的自组织表现出对于赛尔媒体事件的依赖，以此为基础的自组织形态难以得到常态化和专业化发展。

群和圈子存在流动关系，"界面化"组织是遵循这种流动关系而产生的组织形态。在以"界面化"的形态来理解中观层面的公益组织的时候，不得不面对"公益传播悖论"这样一个难题：一方面，发端于民间的公益活动在完成初步的自组织之后必将迈上专业化和常态化的道路；另一方面，依靠赛尔媒体起家的公众参与项目只有通过不断地制造"事件"——非常态化的议题——才得以维持生命力。在微公益公共项目的组织中，像"地球一小时"（Earth 60 minutes）和"壹基金"（One Foundation）这样的公益活动与组织较为妥善地处理了公益组织发展"常态化"和公益议题"非常态化"这一组公益传播矛盾，更深层的原因是其辩证调和了"群"和"圈子"的流动张力，巧妙地采纳了"界面化"的组织思路。

不过，本书只是将"公益和慈善"作为公众参与行动的一种代表性经验现象来考察和讨论，所以其结论和关怀应该可以在限定条件下对其他类型的公众参与行动也具有解释力。为达成这一目的，本书第五章做出了数据的解释说明。本书的最后部分希望通过借用社会历史学教授曼（Mann）的"多态结晶"思想，更加直白地去说明建构这一体系的解释力何在。

三、公众参与行动组织的"多态结晶"

通过对公众参与行动的阈限性特征的分析，可以进一步推断，行动所形成的组织状态受到个体行动者的认同、信息环境、媒介偏向、规制政策与政府回应等多方面因素的影响。这些因素如何相互作用，进而带来什么样态的公众行动类组织？要进一步阐述这个问题，可以借用加州大学洛杉矶分校社会学系教授曼的"多态结晶"思想。

（一）"多态结晶"的原理

曼（Mann, 1986; 1993; 2004; 2012）教授在其广为人知的著作《社会权利的来源》四卷本中，分别从权力的本源、阶级与国族、帝国与革命、全球化四个议题切入，叙述了从文明的起源一直到资本主义社会进程的历史，希望对人类社会历史发展的规律及其复杂性作出理论化的总结。曼认为，人类有四个最基本的需要，分别是①对周围世界的意义做出解释，并在由此形成的价值规范和礼仪中生活；②索取、转化、分配和消耗自然资源；③对地域的天生占有倾向，由此构成了社会军事权力是为了组织起来保护领地／空间；④不同人群之间的地缘性政治竞争，以及由此产生的协调矛盾问题的必要性，从而产生的社会政治权利。这四个需要既不是四个子系统，也不是四个维度或层次，而只是人类历史上的四种手段，是人类社会权利的四个源泉。曼认为人类发展历史是一个"混沌"，因为四类社会权利的来源相互交织，而且还有可能产生各种"非意图性后果"（Unintended Effects），所以他否定任何形式的非历史性的社会学理论（即认为社会是一个系统，而且整个人类社会历史的发展是由数个不变的变量或因子决定的）。他创造性地使用了化学中的"多态结晶"（Polymorph Crystallization）的概念，来说明在承认历史的"混沌性"的前提下，也可以总结出在不同历史阶段中社会权利之间的关系具有的相对稳定性。

化学中，许多溶质在一定的条件下能够形成晶体，但是由于结晶时的许多细微条件的差异，同样的溶质在结晶时所形成的晶体具有多样性，这就是多态结晶。曼虽然没有明确表态，但是在他的理论分析中可以发现，他对吉登斯的"结构化"（Structuration）理论持保留意见，对布迪厄的"惯习"理论也不置可否。因为这一类理论中，社会结构是人们瞬时行动的产物，这就使得用静态的社会理论来捕捉动态的社会的人类瞬时行动成了竹篮打水。所以，吉登斯无法在自己的理论体系下开展实证的研究工作，布迪厄只能创造出"以太"的概念来做解构性的解读（赵鼎新，2006：132）。而曼的理论则可以同时承认变化与相对稳定的结晶态。

本书认为，移动社交媒体的全面普及，为公众参与的组织结构带来四种行动模式，包括积极化的、最小化的、个人化的和因循化的公众参与。同时，赛尔媒体技术带来了两种组织逻辑，分别是"群"的逻辑和"圈子"的逻辑。但由于技术的中介，人们的行动具有多任务同时进行、多重空间实时切换的特征，所以存在着这样一些日常生活中的阈限，可以理解为上述分类的中间地带或者模糊地带。

考虑到时间的因素，这些阈限中的行动组织逻辑可以包括序列组织和界面组织两种。序列组织一般是以时间的自然流动序列为基础的，其发生的空间是此时此刻的"此地"。序列组织就好像是排队上公交车的乘客，他们之间的联系只是以地点（公交站台）、时间序列（上车先后）和任务（乘公交车）来决定的。所以，序列组织一般出现在地方化的空间之中，而且往往由于个体间缺少有机的联系，所以比较容易服从于同一个权威（比如公交车售票员）。序列组织中同时存在群的逻辑和圈子的逻辑，但是哪种逻辑占主导，还取决于别的机制，比如共处的时间增加，可能带来黏合型社会资本的积累；如果这辆长途巴士是一个旅行观光团，由极具魅力的导游带领，那么序列组织会不断向圈子的运作逻辑发展。

界面组织的形态同样在阈限空间中运作，但是不以自然流逝的时间节奏为基础，而是非线性的时间、非均匀的时间、没有起点和终点的时间。界面组织发生的空间与时间没有对应的关系，而是由"认同"等为基础的情境化空间。界面组织中也可以同时存在群的逻辑和圈子的逻辑。界面组织的形态承认群逻辑的普遍存在，并且呈现出群带动群、群联结群的趋势。界面逻辑充分承认拉图尔的"社会行动者理论"中对于技术的转义性，界面本身的存在和运作方式，就是组织本身。

例如，"MoveOn"行动就是一个典型的界面型组织形态运作的公众参与行动。1998 年的克林顿丑闻之后，当时两名技术工程师琼·布莱兹（Joan Blades）和韦斯·博伊德（Wes Boyd）对华盛顿的党派政治、对媒体不断追踪事件表示厌烦，向朋友们发送了一封主题为"MoveOn"的电子邮件并请支持者转发。"MoveOn"具有双关的含义，指的是请华盛顿和各大媒体不要纠缠花边新闻，而是将注意力放到"这个国家面临的真正重要问题"，后来以此命名的网络倡导活动引发了上万人的电子签名支持。二十年来，MoveOn 也从邮件列表的组织形态，增加了网页、新媒体账号等多种组织动员方式，在包括医疗改革方案、停止伊拉克战争等影响政府决策的领域都有切实的参与。MoveOn 所采取的界面化的组织方式，与传统的公众参与组织方式相比发生了根本性的改变，其成员可以同时地、开放地、多进程地参与到各样的活动中去，表现为各种组织形态的"杂糅"。查德威克（Chadwick, 2007）指出，"MoveOn"这个基于美国的、发端于互联网、辐射全球的运动，之所以可以吸引到全球公民的参与，是因为其运作遵循了"组织杂糅性"（Organizational Hybridity）的特征。为解释"组织杂糅性"，他又发明了"关系形式库"（Network Repertoires）的概念工具。他的分析过程主要描述了两个趋势：其一，传统的政党党派和利益团体正在经历"杂糅"的过程，选择性地将数字网络的特征植入或适配到自己的结构中去，而这种数字网络的特征本来被认为是社会运动所特有的，而且与传统的组织形式无关的；其二，在杂糅的形式中，新的组织形态开始出现，这些形态如果没有互联网对于复杂的、多层次的时空的中介作用，是不可能出现的。他把这种互联网信息传播技术扮演了重要角色的运作称之为"杂糅动员运动"（Hybrid Mobilization Movements），这样在"阈限"中就把传统的三种组织形态——利益团体、政党党派、社会运动——都整合起来。而且，在互联网条件下，这三种关系形式库之间在空间上和时间上还呈现出快速切换的现象。不过，查德威克的空间仅指的是线上和线下，而时间也仅指在一个活动的进程中、以及活动和活动之间。本质上，他还是遵循了社会运动中的资源动员理论，因此解释力具有局限性。

相较而言，"多态结晶"的理论概念可以囊括确定分类之间的阈限空间，又承认现有条件下组织状态处于不断变动的前提条件，因而更具有解释力。所以下一步问题是，这些界面型和序列型的组织状态得以"结晶"的条件差异又是什么？

（二）结晶要素的分析

影响组织类型得以结晶的条件，总的来说可以包括情感、规制和界面三个因素。

1. 情感——"气"与"理"与对峙协调

情感动员是社会运动研究的重要起源。情感在公共事件生成中的作用，在世界各地都得到广泛的关注（杨国斌，2009；郭小安，2013；李良荣等，2013；刘涛，2016；袁光峰，2016；Papacharissi，2015；2016），动员情感的类型包括戏谑与悲情（杨国斌，2009）、怨恨（王谦秋，2013）、愤怒（谢金林，2012）等。

伊利诺伊大学芝加哥分校的研究者研究了公众的情绪性联合，或者说情感化公众（Affective Publics）。情感化公众和网络化政治（Networked Publics）是现代政治的重要特征。通过情绪的表达，网络上的公众参与行动主体形成了具有共同感、具有动员潜力的联结型公众。

执教于美国宾夕法尼亚大学社会学系的华人学者杨国斌（2009）认为，"情感"因素的动员是网络事件的特征。他从文化研究的视角判断"网络事件的发生是一个情感动员的过程……网络事件的产生和扩散，所依赖的是能够激发民网民的嬉笑怒骂、喜怒哀乐等情感的表现形式和内容"。他总结了网络行动中的两种情感风格：戏谑和悲情。戏谑情感常见于网络文化事件，这类事件未必有明确的利益诉求而是基于对霸权文化价值的蔑视，以及对"草根英雄"的认同；悲情的风格常见于网络社会事件，多涉及弱势群体、社会不公和官僚腐败，这类事件触及人们的道德底线，使网民感到必须发出自己的声音。

但同时应该看到，对情感的理解在应该充分注意本土文化的同时，还要考虑到政策规制对情感逻辑的影响。例如，中国政法大学应星（2011）也提出中国社会运动中的"气"，将中国传统中"争一口气"的说法所蕴含的"义愤"和对公平的共同预期，纳入到情感的分析范围中来。对"气"的讨论是西方的政治参与行动研究中的"理性选择"（Rational Choice）理论解释不了的，但在中国文化中不仅被广泛接受，而且被认为是一种崇高的精神。而且，互联网公众参与行动渠道不断碎片化、情绪化的趋势也会不断蚕食公众参与的理性和健康。

2. 规制——资源、政策与政府回应

政治资源、政策管辖和政府回应，也是影响多态结晶的要素。总的来说，当政治机会切入口收紧、政策以中心化的形式出现，或者组织过程中产生主导性的意见领袖时，群的逻辑会被削弱，而圈子的逻辑则会相应地增强。而当阈限空间中的情感和界面要素固定的时候，规制会引导序列性的空间发展。

杨国斌（2017）也将情感在网络行动中的分析纳入宏观的体制规制。他总结 2013 年以来的网络情感动员的变化过程，发现网络管制上的"文明净网"举措及实施的社会环境，将网络事件的主导情感（包括悲情、戏谑、愤怒等）冠以负面情感、非理性、煽情、不文明等标签，予以压制和打击。在相关管理部门主导的"文明的进程"中，出现了以骄傲、自豪、喜悦、忠诚等为主导情感的"共识性新媒体事件"。

地理学者保罗·亚当斯（Paul Adams）和安德烈·詹森（Andre Jansson）在探讨空间与传播之间的互构关系时阐述，伴随着技术整合、媒介化流动和互动，以及各种形态的"中介的监测"（Mediated Surveillance）等，新的模糊形态和模糊边界的交往形成了新的网络、层次（texture）和类属（typology）（Adams & Jansson, 2012）。在这些条件下，不论是"情感公众"还是"网络化公众"，其对于公众参与事件的参与程度会减弱，对事件进程发展的介入程度也会受到限制。就像《幻影公众》（Phantom Public）一书中将公众比喻成"坐在剧场后排的失聪的观众"：公众当然明白自己被正在发生的事情以某种方式影响着，也诚然正在随着社会事件的洪流被冲向远方；然而，"这些公共事件绝不是他能掌控的，它们绝大多数也都是无形的。如果说它们可以被掌控的话，也是在遥不可及的地方，在公众的视线之外，被不为人所知的权力所操纵。作为一个普通人，他无法切实了解正在发生什么、谁做出了这个举动，或者他将被带往何方"（Lippmann，1927）。

对于公众事务而言，数据公开与政务透明是一个大的发展趋势。但是公开透明意味着接受更多的监督和审视，成为这项工作开展的主要障碍。不过，数据验证发现，在透明度较低的阶段，公开透明确实会促进更多的公众参与；但是在透明度处于高位时候，互联网使用和信息增加对公众参与的增益效果就不明显了。也就是说，平权的、去中心的信息环境的发生，需要一个渐进的改革过程。但是从长久来看，信息公开也会促使公众参与成为以序列形态存在的常态事务；相应地，移动互联网界面会成为公众参与的工具而不是组织方式，情绪情感的成分将相应地进入序列化运作的轨道。

3. 界面——传播中介平台作为行动者

中介化的平台对组织结构的深度介入，要求我们采取全新的视角来看待公众参与的组织模式，这就是"界面"的视角。采取界面的思路，是一次对传播主体的认识革新。技术不仅是媒介或中介，而是传播主体。

采用界面的因素来分析公众参与行动的组织，首先必须明确，网络结构产生什么作用，很大程度上取决于网络过程的性质。奥利弗等（Oliver et al.，2003）在研究中强调行动者网络与群体行动发生的关系。他认为，行动者网络的结成过程，主要取决于信息流、影响流、联合行动（construction of joint action）这三个过程。不过，联合行动的达成，不是靠扩散观点，关键还要靠扩散行动者。行动者一旦分布形成网络，就会带来事件性群体行动的发生。但值得注意的是，奥利弗认为二者的关系是充分非必要的，也就是说，行动者网络一定会来带群体性行动，但群体性行动的发生并不都源于行动者网络。行动者网络结成的过程有所不同，网络的结构和效果都会有所差别。并非所有的群体行动事件都是由行动者网络造成的。倚靠观念在行动者之间的分散是不可行的，关键还需要倚靠行动者的分布。这种分布过程会导致事件的发生，但并不是所有的事件集中发生都是由弥散过程导致的。

技术哲学大师拉图尔（Latour，2005）提出的"行动者网络"理论，将数字化网络(如社交媒体及其工具)、网络技术、媒体机构、互联网技术、政府部门等视为连结网络的潜在的"中介"(Agent),多元主体间性共同促成协同互动、相互作用的网络,进而阐释由人与社交媒体技术构成的组织结构。

新媒体不仅是群体行动的信息渠道,而且是群体行动的组织结构和开展方式。例如西班牙的"真正民主"(Democracia Real Ya!)群体行动的大本营——真正民主网站——既是一个网站,又是一个人数众多、工作高效的组织,体现了数字化网络行动组织所具有的"杂糅性"(Hybridity)特征(Chadwick,2011)。厄尔和金波特(Earl & Kimport 2011)更是断言,互联网承载的传播网络结构(Communication Networks)即是政治运动的网络结构。

(三)对行动引导与政策回应的启示

在社会和政治活动中,各种利益团体、政党党派等通过上网,模仿网络的松散和传递规则,试图达到引导或动员的效果,但是这些操作实质上仍然是"+互联网"的思路,它的组织运作逻辑仍然与传统的组织逻辑没有本质上的差异。

要真正地理解当下的传播环境及其政治后果,需要切实明白"赛尔媒体"在移动性、互动性、普遍参与、实时分类、地理定位等技术基础之上,由原子化的和情感化的公众参与个体使用和"驯化"过程中,所生发出来的技术本身的中介特征,也就是拉图尔所说的技术的"转义"特征,采取全新的观点来看待互联网对公众参与结构的升级和转型。

首先,我们需要承认"群"和"圈子"这两种逻辑的自发属性,承认围绕公众事件、认同的基础上的自组织特征,还有这些自组织逻辑在运作过程中存在的"阈限性"特征。对行动组织者来说，运用这种传播逻辑，就不是简单地将传统的"捐赠"活动搬到网络上来进行，而是充分调用技术转义特征来进行组织的创新，发展"群"带动"群"的扩散效应。对相关的政府机构来说，则不能一味地以打压、许可的方式来面对这些新的形态。具体到公益活动层面，在面对以热点事件为原点生成的公益活动时，尊重辩证中介逻辑的规律，那么就无须耗费大量行政资源进行审批和许可合法性资质。

不过，在面对利益矛盾的事件时，需要仔细分析其互动关系的性质。美国社会学家蒂利等人强调采用"关系路径"（Relational Approach）来分析运动动员（Tilly et al.，2003；Diani，2003），并且将这一思路也运用到分析恐怖主义行为中去，也就是强调各种行动者（包括政府、抗议者、旁观者等多个利益相关方）之间的互动。政府的策略也会相应地影响甚至决定诉求者的反应。如果这种关系互动是良性的，那么矛盾将会逐渐化解；但是如果互动不是良性的，那么矛盾就会激化。

"微博打拐"的系列活动较好地处理了基本矛盾。在以"群"为主要组织逻辑的活动过程中，几位事件发展的关键人物个体遵循了中介化的传播逻辑。通过互联网媒体寻找儿童、向公安部举报线索的行为一直在民间自发运行着，2007年成立的"宝贝回家"网站是这一民间行动实现自组织化的里程碑。但是在微博的社会普及并且得到创意性的大规模社会采纳之前，"微博打拐"都"不可能形成如此大规模的社会动员"（于建嵘，2011年采访资料）。2011年1月25日，中国社会科学院农村发展研究所教授于建嵘在新浪微博设立"随手拍照解救乞讨儿童"项目，希望借网络力量，寻找那些被拐卖乞讨的儿童。开通的十几天里，就吸引57万多名网民参与。"打拐"在长期以来大都是政府行为，主要由公安部门负责组织，但是微博让公民"打拐"成为现实。技术发展为公民行动提供了广阔的舞台。网友通过街拍的方式上传乞讨者照片，为公安提供拐卖犯罪线索，依靠全民的力量来打击拐卖妇女儿童的不法行为。与"随手拍"打拐项目同行的还有《凤凰周刊》记者邓飞等人发起的"微博打拐"项目。该项目在 2012 年 5 月与中华社会救助基金会签订合作合同，成立"微博打拐公益基金"并从此取得面向社会公共募捐的资格。

公民参与打击拐卖的公众参与行为在社交媒体平台形成舆论，成为当时最受关注的社会问题。此外，微博平台疏通了普通民众与政府官员的传播渠道，并且在赛尔媒体平台上逐渐形成官民沟通的氛围。公安部打拐办主任陈士渠积极利用微博与网民沟通，及时发现线索，部署公安核实工作。制造舆论压力、推动社会显性议题、培养沟通氛围等因素的合力共同推进了公安部在春节前夕组织开展打击拐卖妇女儿童犯罪的专项行动，成为公民行动撬动政府行动、进而通过体制内资源共享解决社会问题的首例。

其次，序列组织和界面组织的逻辑要求我们关注"中层组织"在健康的社会生态中的重要作用，并且思考传播技术在中层组织中的角色和运作机制。科恩豪泽在《大众社会政治》（*Kornhauser*，1959）一书中将托克维尔的理论进行改造，从社会中心的角度提出了"大众社会理论"。他认为，现代化过程打破了人与人之间的传统意义上以村落和亲缘为基础的联系，能够填补这种功能的现代型社会中层组织尚未发展起来。因此，他呼吁社会及政策留有足够的空间提供给中层组织发展。赵鼎新（2006：89~91）将科恩豪泽的"中层组织"作用总结为四个方面：①福利和慈善组织、俱乐部、兴趣小组等中层组织承担的社会功能，很多是国家管不到或者管不好的，同时也是家庭没能力涉及的，因此社会中层组织能够照顾到国家和家庭都不能涉及的真空地带；②中层组织为组织内部成员讨论、组织之间、组织和国家之间的对话提供了平台。这种讨论和对话能够使人们感受到社会事务并非如想象的简单化，对社会的理解更加贴近现实，有利于缓解不满情绪。例如《焦点访谈》栏目就曾提供这样的平台；③中层组织能够促进情感和认同感的多元化。不同的组织有不同的利益、不同的归属感，这些利益和认同感的分割，联合势必松散，目标难以深入，从而不具备大众运动的社会条件；④中层组织发达的国家，可以保护民众免受政治精英特别是魅力型领袖的操纵和控制，同时也可以防止政治精英的决策直接被大众压力所左右，从而防止民粹主义的产生，使程序政治变为可能。

那么，界面化的组织成为一种独立的公众参与组织形态出现，而且在我国有发展成为典型的中层组织的趋势，这个现象应该得到足够的重视。著名律师、经济学家本克勒（Benkler，2005）十多年前就判断了一大波类似的中层组织形态的到来，并且将带领人类进入到组织结构的新阶段，其影响力将蔓延到政治、社会、文化、经济等各个方面。本克勒举例说，在基于志愿者的项目方面，维基百科和 Linux 系统是这一阶段的突出代表。

一方面，我们需要警惕这种新型的中层组织有损于健康的政治文明的可能性。"民族国家"和"公民"这样的词汇，是由大众传播媒体制造的符号性存在，让公民能够想象并且认同其他公民（Anderson，1983），尽管他们在语言、文化、血缘上都有很大差异。

例如，汤姆 – 桑特利（Thom-Santelli，2007）和克劳福特（Crawford，2008）认为，社交软件会带来人群的同质化，不能打通社会圈之间的联系。这种基于点赞、小额捐赠的"浅参与"的方式，带来参与主体的特性由理性的公众向网络化公众（Networked Publics）和情感化公众（Affective Publics）转变的可能性，这种公众类型的转变对于良性的社会资本的积累和运作的影响如何，需要更多的研究，也需要引起政策层面的重视。

对于公众参与的发生而言，传播技术在一定条件下会成为一个重要因素。但是，从整个的宏观历史来看，它既不是一个充分条件，也不是一个必要条件。

更为重要的是，"中层组织"的形态在不断多元化的进展之中，其新兴的特征需要得到准确的把握。沃尔夫斯菲尔德等人（Wolfsteld at al.，2013）研究证明，社交媒体的普及和使用程度"受制于其运作的政治环境"。贡克尔（Khondker，2011）认为当传统的主流媒体缺失时，"新"的媒体形态才会产生影响，而且新媒介主要带来了平行的连接（horizontal connectivity）。博伊德（Boyd，2010）认为，"网络化公众"具有持久性（persistence）、可复制性（replicability）、规模扩张性（scalability）和可搜索性（searchability）等特征。我们需要用全新的组织形态的思路，来取代旧有的组织逻辑的研究思路（Chadwick，2007）。

最后，社会环境和政治生态是根本，传播逻辑与自组织逻辑在其间运作。要以"传播公共性"的关怀为指导性思想。

关注中层组织的作用，是实事求是地尊重各种类型的公众参与组织的形态，包括利益团体、基金组织、非政府组织、政党团体、松散的社群运动组织等，也包括本书所重点研究的新兴媒介形态下出现的混合型行动组织。这些形态都有存在的合理性，同时遵循自身的运作逻辑。"新"与"旧"以历时的方式（diachronically）结合在一起，而且，"新"看起来总是在"向死者召唤一种暧昧的祝福"（Anderson，1983：183）。群和圈子，赛尔媒体和传统媒体，这些两两关系中同样蕴含着新向旧所发出的暧昧的召唤，实则是在寻找并行的空间。所以将界面化的组织形态纳入既有的政策管理与回应框架中的做法，是不可取的，在运行中自然会遇到阻力。

协商民主联合（The Deliberative Democracy Consortium）于2013年

在美国首府华盛顿举办会议探讨在新媒体技术条件下如何增进公众参与，其主席莱宁格（Leighninger，2013）认为，现有的制度和法律都先于现有的技术存在，这些体制无法与公民参与的能力及期望相匹配。印第安纳大学公共事务研究者阿姆斯勒（Amsler，2016）认为，传统的公众参与中有很多"默认"的设置与技术不符，导致这套公众参与系统已经无法顺利运转。因此，需要明确地将"合作"作为一种价值观纳入民主运作的设计实施，形成合作型的善治。

尊重中介化的辩证传播规律，打造"传播公共性"，还需要有利于公共参与的社会及政治文化的培育。传媒技术在社会生活中的使用是中介过程的一部分，也是体制的结构性规制与人们创造性实践之间相碰撞的界面。理解新传媒技术的社会文化意义需要将着眼点放在作为社会实践主体的使用者及他们的日常生活实践上，需要解读他们如何通过使用新传媒技术，展开意义或再现的创造，并以此参与社会与文化的建构。

具体到中国的公益行动，组织形态的结晶同时受文化语境的影响，而且文化语境在深层次上成为情境空间与符号空间的基础。例如，慈善文化与传统儒家的忠孝文化是密不可分的。在《中国文化与中国青年》一文中，钱穆曾对东西方的文化差异进行阐述："……大抵中国主孝，欧西主爱，印度主慈。"中国传统文化认为"慈属先天情感，不必刻意培养，孝属后天德行，需要着力陶冶"，所谓"教孝不教慈"，这种对后天"习得"的孝文化的宣扬不断覆盖了人性中的"慈"文化。那么，随着技术平台的快速迭代与普及，公众参与平台化与界面化带来的浅参与、对公众参与的倡导，无疑是促进政治文化培育的一个重要契机。

在公共管理的研究中，近年来出现了所谓的"新管理学派"理论主张秉持"重塑政府"的理念（Osborne &Gaebler，1992），主张应该像管理企业一样来运作政府。争议更为本质的一组矛盾是，民众是政府服务的对象，还是政府的主人？如果是服务对象，那么就是政府服务的被动接受者，政府作为管理者应该提供充分的服务；如果是主人，那么民众应该像企业经理人那样，设定组织发展的目标。公共管理者和学者共同维护了对"参与"的多义性，少有人对其有所质疑（Kettering Foundation，1989）。

行文至此，我们进而对第二章中提出的"国家—社会"关系作出回应。从根本上说，国家和社会是相互依存的，两者之间的边界不存在（Mitchell，1991）。国家的内部的权力关系，决定了国家的轮廓。这种由内而外的逻辑看起来有些荒谬，但却是现代化的一种创新。对于社会秩序、组织方法、社会组织过程的强调，形成了一套国家外在于社会的体系；不过，社会不可能独立存在，国家也不可能独立存在，两个概念是相生的，在政治秩序和社会秩序运作的制度化机制里面，国家和社会的区隔才得以界定。（Mitchell，1991：90）

总体来说，互联网作为一种不同于传统媒介的"高维媒介"，其最大的特点是改变了以往以"机构"为基本单位的社会传播的格局，取而代之的是以"个人"为基本单位的社会传播，由此形成传播领域的种种"新常态"（喻国明等，2015）。当社会或历史的结构性转变可以部分地归因于传播技术时，"媒介"都会成为问题化的焦点，对赛尔媒体和公众行动组织模式关系的研究也是如此。但是，如果只将研究的重点放在个案的层次，那么有可能过分窄化了研究的视野，同时有可能忽略了宏观的社会变化与微观的媒介运作之间的复杂联动机制。所以，在全新的传播生态和组织逻辑中，既有的机构的作用既不是管理，也不是疏导，而是让"新常态"名副其实，政府应致力于成为空间转向下社会传播生态的共建者。

本章参考文献

德布雷 . 普通媒介学教程 [M]. 陈卫星译 . 北京 : 清华大学出版社 ,2014.

郭小安 . 网络抗争中谣言的情感动员 : 策略与剧目 [J]. 国际新闻界 ,2013,35 (12):
 56~69.

李良荣，郑雯，张盛 . 网络群体性事件爆发机理 : "传播属性"与"事件属性"
 双重建模研究——基于 195 个案例的定性比较分析 [J]. 现代传播 (中国传媒
 大学学报),2013,35(2): 25~34.

刘涛 . 情感抗争 : 表演式抗争的情感框架与道德语法 [J]. 武汉大学学报 (人文科
 学版),2016,69(5): 102~113.

潘忠党，於红梅 . 阈限性与城市空间的潜能——一个重新想象传播的维度 [J]. 开
 放时代 ,2015(3):8~9, 140~157.

沈阳，刘朝阳，芦何秋等 . 微公益传播的动员模式研究 [J]. 新闻与传播研究 ,
 2013(3):96~111.

王谦秋 . 从周久耕到杨达才 : 人肉搜索事件中的抗争性话语研究 [J]. 中国传媒报
 告 ,2013(2).

吴莹，卢雨霞，陈家建，王一鸽 . 跟随行动者重组社会——读拉图尔的《重组社会 :
 行动者网络理论》[J]. 社会学研究，2008(2):218~234.

谢金林 . 情感与网络抗争动员——基于湖北"石首事件"的个案分析 [J]. 公共管
 理学报 ,2012,9(1): 80~93, 126~127.

杨国斌 . 悲情与戏谑 : 网络事件中的情感动员 [J]. 传播与社会学刊 ,2009,(9):39~66.

杨国斌 . 情之殇 : 网络情感动员的文明进程 [J]. 传播与社会学刊 ,2017(40): 75~104.

应星 . "气"与抗争政治 : 当代中国乡村社会稳定问题研究 [M]. 北京 : 社会科学
 文献出版社 ,2011.

袁光锋 . "情"为何物 ?——反思公共领域研究的理性主义范式 [J]. 国际新闻
 界 ,2016,38(9): 104~118.

喻国明,张超,李珊,包路治,张诗诺.“个人被激活”的时代:互联网逻辑下传播生态的重构——关于“互联网是一种高维媒介”观点的延伸探讨[J].现代传播(中国传媒大学学报),2015,37(5):1~4.

赵鼎新.社会与政治运动讲义[M].北京:社会科学文献出版社,2006.

Adams P C, Jansson A. 2012. Communication Geography: A Bridge between Disciplines[J]. Communication Theory, 22(3): 299-318.

Álvarez-Ossorio I. 2017. Civil Society and Political Change in Contemporary Egypt[M] // Çakmak C (Ed.), The Making of Arab Spring: Cases of Innovative Activism. New York: Palgrave Macmillan, 2017.

Anderson B. 1983. Imagined Communities: Reflections on the Origin and Spread of Nationalism[M]. London: Verso.

Arendt H. 1958. The Human Condition[M]. Chicago: University of Chicago Press.

Amsler L B. 2016. Collaborative Governance: Integrating Management, Politics, and Law [J]. Public Administration Review,76(5): 700-711.

Bennett, W.L. The uncivic culture: Communication, Identity, and the Rise of Lifestyle Politics. Political Science and Politics[J]. 1998, 31(4): 741-761.

Benkler Y. 2005. The New Open Source Economics[EB/OL]. http://www.ted.com/talks/yochai_benkler_on_the_new_open_source_economics 2005-07[2015-06-10].

Boyd D. 2010. Social Network Sites as Networked Publics: A Ordances, Dynamics, and Implications[M] // Papacharissi Z (ed.). Networked Self: Identity, Community, and Culture on Social Network Sites. London: Routledge: 39-58.

Castells M. 1996. The Rise of the Network Society[M]. Massachusetts: Blackwell Publishers Inc.

de Certeau M. 1984. The Practice of Everyday Life[M]. Berkeley: University of California Press.

Çakmak C (eds.) 2017. The Arab Spring, Civil Society, and Innovative Activism, 1 ed.[M]. New York: Palgrave Macmillan.

Chadwick A. 2007. Digital Network Repertoires and Organizational Hybridity[J].

Political Communication, (24): 283-301.

Couldry N, McCarthy A. 2004. Media Space: Place, Scale, and Culture in a Media Age[M]. London: Routledge.

Crawford A. 2008. Taking Social Software to the Streets: Mobile Cocooning and the (An) Erotic city[J]. Journal of Urban Technology, 15(3): 79-97.

Diani M McAdam D. 2003. Social Movements and Networks: Relational Approaches to Collective Action [M] Oxford: Oxford University Press.

Drew P, Chilton K. 2000. Calling Just to Keep in Touch: Regular and Habitualised Telephone Calls as an Environment for Small Talk[M] // Coupland J. (ed.). Small Talk Harlow: Longman.

Earl J, Kimport K. 2011. Digitally Enabled Social Change: Activism in the Internet Age[M]. Cambridge: The MIT Press.

Endsjø D Ø. 2000. To Lock up Eleusis: A Question of Liminal Space[J]. Numen, 47(4), pp.351-386.

Habermas J. 1989. The Structural Transformation of the Public Sphere: An Inquiry into a Category of Bourgeois Society[M].Burger T (tans). Cambrideg: MIT Press.

Humphrey C. 2007. Insider-Outsider: Activating the Hyphen. [J] Action Research, 5(1): 11-26.

Innis H. 1972. Empire and communication. [M] Toronto, CA: University of Toronto Press.

Kaldor, M., The Idea of Global Civil Society[J]. International affairs. 2003, 79(3): 583-593.

Kaldor M. 2003. Global Civil Society[M]. Cambridge, U.K.: Polity Press.

Keane J. 1998. Democracy and Civil Society[M]. London: Verso.

Kettering Foundation. 1989. The Public's Role in the Policy Process: A View from State and Local Policy Makers[M]. Dayton, OH: Kettering Foundation.

Khondker H H. 2011. Role of the New Media in Arab Spring[J]. Globalizations, 8(5), 675-679.

Kornhauser W. 1959. The Politics of Mass Society[M]. New York: Free Press.

Lefebvre H, Nicholson-Smith D. 1991. The Production of Space [M]. Blackwell: Oxford.

Leighninger M. 2013. Strengthening Legal and Technological Frameworks to Grow Civic Participation and Public Engagement[C]. https://www.brookings.edu/blog/brookings-now/2013/10/24/strengthening-civic-participation-and-public-engagement/,2013-10-24 [2018-01-05].

Lippmann, W. 1927. The Phantom Public [M]. Piscataway: Transaction Publishers.

Mann M. 1986. The Sources of Social Power: Volume 1, A History of Power from the Beginning to AD 1760[M]. Cambridge: Cambridge University Press.

Mann M. 1993. The Sources of Social Power: Volume 2, The Rise of Classes and Nation States 1760-1914[M]. Cambridge: Cambridge University Press.

Mann M. 2004. The Sources of Social Power: Volume 3, Global Empires and Revolution, 1890-1945[M]. Cambridge: Cambridge University Press.

Mann M. 2012. The Sources of Social Power: Volume 4, Globalizations, 1945-2011 [M]. Cambridge: Cambridge University Press.

Massey D. 1995. The Conceptualization of Place [M] // Massey D, Jess P (eds). A Place in the World? Places, Cultures and Globalization. New York: Oxford University Press: 45-85.

Mitchell T. 1991. The Limits of the State: beyond Statist Approaches and Their Critics[J]. The American Political Science Review, 85(1), 77-96.

Latour B. 2005. Reassembling the Social: An Introduction to Actor Network Theory[M]. Oxford: Oxford University Press.

Low S M. 2009. Towards An Anthropological Theory of Space and Place[J]. Semiotica, (175): 21-37.

Osborne D, Gaebler T. 1992. Reinventing Government: How the Entrepreneurial Spirit is Transforming the Public Sector[M]. New York City, NY: Penguin Books.

Oliver P E, Myers D J. 2003. Networks, Diffusion, and Cycles of Collective Action [M] // Diani M, McAdam D. Social Movements and Networks: Relational Approaches to

Collective Action. New York: John Wiley & Sons, Ltd.

Papacharissi Z. 2016. Affective Publics and Structures of Storytelling: Sentiment, Events and Mediality[J]. Information, Communication & Society, 19(3):307-324.

Papacharissi Z. 2015. Affective Publics: Sentiment, Technology, and Politics[M]. Oxford: Oxford University Press.

Seligman A B. 1992. Trust and the Meaning of Civil Society[J]. International Journal of Politics, Culture, and Society, 6(1): 5-21.

Seligman, Adam. The Idea of Civil Society[M]. New York: Free Press, 1992.

Sheller M. 2004. Mobile Publics: Beyond the Network Perspective, Environment and Planning[J]. Society and Space,22(1): 39-52.

Thom-Santelli J. 2007. Mobile Social Software: Facilitating Serendipity or Encouraging Homogeneity?[C] . IEEE Pervasive Computing, 6(3): 46-51.

Tilly C, Wood L J. 2003. Contentious Connections in Great Britain, 1828-34 [M] // Diani M, McAdam D. Social Movements and Networks: Relational Approaches to Collective Action.Oxford: Oxford University Press.

Thompson J B. 2011. Shifting Boundaries of Public and Private Life[J]. Theory, Culture & Society, 28(04): 49-70.

Turkle S. 2011. Life on the Screen[M]. New York: Simon and Schuster.

Turkle S. 2005. The Second Self: Computers and the Human Spirit [M]. Cambridge: The MIT Press.

Turner, Ralph H., and Killian, Lewis M. Collective Behavior[M]. Englewood Cliffs: Prentice-Hall, 1987.

Wolfsfeld G, Segev E, Sheafer T. 2013. Social Media and the Arab Spring Politics Comes First [J]. The International Journal of Press/Politics, 18(2), 115-137.

附录 A 文中所涉公益项目列表

项目名称	发起时间 / 年	发起人	主要传播资源	备注（热点议题）
扬帆计划	2007	汪延	微博、网站	"扬帆计划"是对贫困山区孩子进行"意识启迪"的工程
宝贝回家	2007	张宝艳	网站、微博	寻亲
衣加衣温暖行动	2010	腾讯西部商报	网站、腾讯微博	捐赠衣服
十二邻（星期六剧场）	2006	王俊晓	剧场、社区	关注老年人、推动互助
随手拍照解救乞讨儿童	2011	于建嵘	微博	公安部专项行动
微博打拐	2011	邓飞	微博	中华社会救助基金会邓飞合作签署组成"儿童安全公益基金"
女童保护	2013	孙雪梅等	网络、报纸	防止女童性侵
大爱清尘	2011	王克勤	微博	发起首个"世界呼吸日"活动

项目名称	发起时间/年	发起人	主要传播资源	备注（热点议题）
免费午餐	2011	邓飞	微博	160亿元营养改善计划
让候鸟飞	2012	邓飞	微博	保护候鸟
中国红十字会	1904	上海万国红十字会	网站	2011年"郭美美"事件
壹基金	2007	李连杰	网站	壹基金温暖包 壹基金公益映像节 壹基金公益店
一个鸡蛋的暴走	2011	上海公益事业发展会	网站、微博、微信	精神：公益在于参与，在于身体力行，在于影响。星星之火定可燎原
星星点灯关爱留守儿童公益计划	2010	中英人寿、21世纪经济报道	报纸、网络	关爱留守儿童
地球一小时	2007	世界自然基金会	活动、新闻报道	"标注你的位置，参与地球一小时"
爱心传递，温暖白血病女孩	2012	作业本	微博	救助白血病女孩鲁若晴
糖公益	2011	厦门年轻人	微博	举办活动，宣传公益
双闪车队	2012	王璐等	微博、微信	"7·21"大暴雨、机场接人
光盘行动	2013	陈光标	微博	推动部分餐馆提供半份餐
瓷娃娃	2008	王奕鸥	论坛、网站	发起瓷娃娃全国病人大会
温暖衣冬	2012	共青团北京市委员会等	团委、高校、社区青年汇	捐赠衣服

项目名称	发起时间/年	发起人	主要传播资源	备注（热点议题）
青番茄 in library	2010	深圳市青番茄文化传媒有限公司	网络	咖啡馆免费借阅
科学松鼠会	2008	姬十三等	网站	大众科普
新年新衣	2011	腾讯网	网站	为山区儿童送新衣
噢粑粑	2011	爱西柚网络科技公司	手机 App	智能手机软件，GPS 定位最近的公厕、汇集评论和评级、查看地图、上报新厕所
多背一公斤	2004	安猪	网站、微博	为边远地区孩子们建图书室
嫣然天使基金	2006	李亚鹏、王菲	网站、微博	截至2014年3月31日，嫣然天使基金已成功资助全额免费唇腭裂功能性修复手术9805例
爱心行动西藏家乡公益行	2011	韩红	媒体报道	在百度地图上记录爱心公益活动轨迹，活动跨域大部分藏区，标注点配有"乡镇卫生院健康之家""孤残儿童学校"等动态演示效果、现场图片（西藏解放60周年）

附录 B　调查问卷

尊敬的先生 / 女士：您好！

　　我们正在进行题为"社会化媒体使用与公益公众参与"的研究。公益参与包括向公益项目和活动提供了包括发起、志愿者、捐款捐物、建议、转发和评论、关注和宣传在内的各种行动。社会化媒体是指大众可以发布和分享信息，与他人互动和建立联系的互联网平台，包括但不局限于博客、网络论坛 BBS、微博、即时通信（如微信、QQ）、社会化网站（如人人 / 开心网）、视频 / 图片分享网站（如土豆网）、社会化标签（如豆瓣）、定位服务（如街旁网）等。

　　本问卷将用于调查您的移动社会化媒体使用、公益参与体验、社会资本状况三个方面的信息。数据将完全用于学术研究，并对您的回答严格保密。回答没有对错之分，请根据第一感觉选择最符合您实际情况的选项。回答问卷占用 15~20 分钟时

间，感谢您的大力支持！如果您希望与我们交流，欢迎致信
yunxiqq@gmail.com。

清华大学新闻与传播学院博士生仇筠茜

Q0 前测题项：请问您在过去六个月中，参与或者关注过公益活动吗？

□ 0 是 ⟶ 继续答题

□ 1 否 ⟶ 问卷终止

Q1 请列举在过去五年中，您参加或关注较多公益活动／项目是（按关注程度从强到弱排序，至少填一个）（1）＿＿＿＿＿＿＿；（2）＿＿＿＿＿＿＿；（3）＿＿＿＿＿＿

以下问题针对您在第1题的（1）中所填的项目：

Q2 您在该公益活动／项目中担任以下角色的频率是（1-从不；5-总是）

Q2_1	领导者	□1 从不	□2 偶尔	□3 一般	□4 经常	□5 总是
Q2_2	志愿者	□1 从不	□2 偶尔	□3 一般	□4 经常	□5 总是
Q2_3	捐款人	□1 从不	□2 偶尔	□3 一般	□4 经常	□5 总是
Q2_4	转发	□1 从不	□2 偶尔	□3 一般	□4 经常	□5 总是
Q2_5	评论和讨论	□1 从不	□2 偶尔	□3 一般	□4 经常	□5 总是

Q3 平均而言，您每年参加多少次志愿者活动？回答：＿＿＿次；

平均而言，您每年参加几个公益项目的志愿者活动？回答：＿＿＿个；

Q4 平均而言，您每年用于公益慈善捐赠的金额是多少元？回答＿＿＿元；

平均而言，您每年为多少个公益／慈善项目捐款？回答：＿＿＿个；

Q5 您对这个公益 / 慈善项目的认识，请根据您的实际情况选择最符合的程度（1. 很不同意；5. 很同意）：

Q5_1	项目发起人的目标公开公正	□1 很不同意　□2 不太同意　□3 一般 □4 比较同意　□5 同意
Q5_2	项目基本信息（名称性质、目标宗旨、联系方式、工作报告）公开透明	□1 很不同意　□2 不太同意　□3 一般 □4 比较同意　□5 同意
Q5_3	项目财务信息（财务收支、审计、行政成本等）公开透明	□1 很不同意　□2 不太同意　□3 一般 □4 比较同意　□5 同意
Q5_4	项目内部管理信息（决策过程、组织和人事等）公开透明	□1 很不同意　□2 不太同意　□3 一般 □4 比较同意　□5 同意
Q5_5	需要的时候，我可以快速地获得准确的项目信息	□1 很不同意　□2 不太同意　□3 一般 □4 比较同意　□5 同意

Q6 您对这个公益 / 慈善项目的认识，请根据您的实际情况选择最符合的程度（1. 很不同意；5. 很同意）：

Q6_1	项目能够有效地帮助他人，实现公益目标	□1 很不同意　□2 不太同意　□3 一般 □4 比较同意　□5 同意
Q6_2	项目实行者具有反思过错、总结经验的能力	□1 很不同意　□2 不太同意　□3 一般 □4 比较同意　□5 同意
Q6_3	项目能解决目前最为迫切的社会问题	□1 很不同意　□2 不太同意　□3 一般 □4 比较同意　□5 同意
Q6_4	项目能帮助目前社会上最需要帮助的人	□1 很不同意　□2 不太同意　□3 一般 □4 比较同意　□5 同意
Q6_5	项目向管理部门注册登记备案，地位合法	□1 很不同意　□2 不太同意　□3 一般 □4 比较同意　□5 同意
Q6_6	项目执行者具有解决这类问题的资质	□1 很不同意　□2 不太同意　□3 一般 □4 比较同意　□5 同意

Q7 您通过以下渠道了解该活动信息的频率是（1. 从不；5. 总是）：

Q7_1	报纸和杂志	□1 从不　□2 偶尔　□3 一般 □4 经常　□5 总是
Q7_2	广播和电视	□1 从不　□2 偶尔　□3 一般 □4 经常　□5 总是
Q7_3	项目的官方网站	□1 从不　□2 偶尔　□3 一般 □4 经常　□5 总是
Q7_4	第三方监管网站	□1 从不　□2 偶尔　□3 一般 □4 经常　□5 总是
Q7_5	互联网上新闻（通过电脑）	□1 从不　□2 偶尔　□3 一般 □4 经常　□5 总是
Q7_6	互联网上新闻（通过手机等移动终端）	□1 从不　□2 偶尔　□3 一般 □4 经常　□5 总是
Q7_7	微博官方账号	□1 从不　□2 偶尔　□3 一般 □4 经常　□5 总是
Q7_8	微博上的信息（通过电脑）	□1 从不　□2 偶尔　□3 一般 □4 经常　□5 总是
Q7_9	微博上的信息（通过手机等移动终端）	□1 从不　□2 偶尔　□3 一般 □4 经常　□5 总是
Q7_10	论坛 BBS	□1 从不　□2 偶尔　□3 一般 □4 经常　□5 总是
Q7_11	豆瓣小组	□1 从不　□2 偶尔　□3 一般 □4 经常　□5 总是
Q7_12	微信朋友圈	□1 从不　□2 偶尔　□3 一般 □4 经常　□5 总是
Q7_13	微信公共账号	□1 从不　□2 偶尔　□3 一般 □4 经常　□5 总是
Q7_14	手机客户端 App	□1 从不　□2 偶尔　□3 一般 □4 经常　□5 总是
Q7_15	即时通信（例如 QQ 群、微信群聊等） （通过电脑）	□1 从不　□2 偶尔　□3 一般 □4 经常　□5 总是
Q7_16	即时通信（例如 QQ 群、微信群聊等） （通过手机等移动终端）	□1 从不　□2 偶尔　□3 一般 □4 经常　□5 总是

Q8 总的来说，您在公益参与中（包括志愿者、捐款、转发评论等）使用社会化媒体的作用，请选择以下描述的符合程度（1.很不符合；5.很符合）：

Q8_1	发布和获取信息	□1 很不符合　□2 不太符合　□3 一般　□4 比较符合　□5 很符合
Q8_2	存储和记录信息	□1 很不符合　□2 不太符合　□3 一般　□4 比较符合　□5 很符合
Q8_3	引起更多人对活动的关注	□1 很不符合　□2 不太符合　□3 一般　□4 比较符合　□5 很符合
Q8_4	展示自己的经历	□1 很不符合　□2 不太符合　□3 一般　□4 比较符合　□5 很符合
Q8_5	协调行动	□1 很不符合　□2 不太符合　□3 一般　□4 比较符合　□5 很符合
Q8_6	与其他参与者建立联系	□1 很不符合　□2 不太符合　□3 一般　□4 比较符合　□5 很符合
Q8_7	与其他参与者交流讨论	□1 很不符合　□2 不太符合　□3 一般　□4 比较符合　□5 很符合
Q8_8	关注和支持喜爱的名人	□1 很不符合　□2 不太符合　□3 一般　□4 比较符合　□5 很符合

Q9 下列关于项目中其他参与者的描述，请勾选您对下列表述的赞同程度（1.很不同意；5.很同意）：

Q9_1	项目的其他参与者对我是诚实坦白的	□1 很不同意　□2 不太同意　□3 一般　□4 比较同意　□5 很同意
Q9_2	项目的其他参与者具备胜任其公益任务的知识和技能	□1 很不同意　□2 不太同意　□3 一般　□4 比较同意　□5 很同意
Q9_3	项目的其他参与者的行为是稳定可靠的	□1 很不同意　□2 不太同意　□3 一般　□4 比较同意　□5 很同意
Q9_4	参与公益项目的人们之间是互利互惠的关系	□1 很不同意　□2 不太同意　□3 一般　□4 比较同意　□5 很同意

Q10 请按照自己的实际感受，对下列描述按照符合程度打分（1. 很不符合；5. 很符合）：

Q10_1	我和其他参与者交流顺畅且频	□1 很不符合 □2 不太符合 □3 一般 □4 比较符合 □5 很符合
Q10_2	除了公益活动相关的事情，我还会和其参与者交流别的话题	□1 很不符合 □2 不太符合 □3 一般 □4 比较符合 □5 很符合
Q10_3	除了这个项目，我和其他公益参与者还一起参加其他活动	□1 很不符合 □2 不太符合 □3 一般 □4 比较符合 □5 很符合
Q10_4	我和其他参与者有相同的兴趣爱好	□1 很不符合 □2 不太符合 □3 一般 □4 比较符合 □5 很符合
Q10_5	我和其他参与者有共同认识的人	□1 很不符合 □2 不太符合 □3 一般 □4 比较符合 □5 很符合
Q10_6	在我所关注参与的公益项目中，人和人之间相互认识了解	□1 很不符合 □2 不太符合 □3 一般 □4 比较符合 □5 很符合

Q11 请按照自己的实际感受，对下列描述按照符合程度打分（1. 很不符合；5. 很符合）：

Q11_1	我会表达这个公益活动如何开展的建议	□1 很不符合 □2 不太符合 □3 一般 □4 比较符合 □5 很符合
Q11_2	我的建议能够得到反馈或采纳	□1 很不符合 □2 不太符合 □3 一般 □4 比较符合 □5 很符合
Q11_3	参与者有自由空间，根据实际情况来决定公益项目具体如何开展	□1 很不符合 □2 不太符合 □3 一般 □4 比较符合 □5 很符合
Q11_4	我能够与公益项目的发起人和领导人进行互动和交流	□1 很不符合 □2 不太符合 □3 一般 □4 比较符合 □5 很符合
Q11_5	公益项目的目标，是由像我这样的参与者影响下共同决定的	□1 很不符合 □2 不太符合 □3 一般 □4 比较符合 □5 很符合
Q11_6	我按照自己的设想来参与公益活动	□1 很不符合 □2 不太符合 □3 一般 □4 比较符合 □5 很符合

辛苦了！接下来是关于您的媒介使用情况（如果不确定，请填大概数字；如果没有，请填 0）：

Q12 您接触互联网的时间 _____ 年；

　　Q12_1 接触移动终端上网（例如手机上网）的时间 _____ 年

Q13 您平均每天看报纸和杂志的时间是 _____ 小时；

　　Q13_1 其中看公益相关信息的时间约占百分之多少 _____ %

Q14 您平均每天看电视和听广播的时间是 _____ 小时；

　　Q14_1 其中接收公益相关信息的时间约占百分之多少 _____ %

Q15 您平均每天上网的时间是 _____ 小时；

　　Q15_1 其中，电脑上网的时间是 _____ 小时，

　　Q15_2 其中看公益相关信息的时间约占百分之多少 _____ %

　　Q15_3 其中，手机上网的时间是 _____ 小时，

　　Q15_4 其中看公益相关信息的时间约占百分之多少 _____ %

Q16 上班／学习时间，您平均每小时刷几次微博和微信？ _____ 次；

　　Q16_1 其中看公益相关信息的时间约占百分之多少 _____ %

Q17 休息时间，您平均每小时刷几次微博和微信微信？ _____ 次；

　　Q17_1 其中看公益相关信息的时间约占百分之多少 _____ %

Q18 请勾选您对下列表述的赞同程度（1. 很不同意；5. 很同意）：

Q18_1	社会上绝大部分人是值得信任的	□1 很不同意　□2 不太同意　□3 一般 □4 比较同意　□5 很同意
Q18_2	社会上绝大部分人是诚实的	□1 很不同意　□2 不太同意　□3 一般 □4 比较同意　□5 很同意
Q18_3	网络上绝大部分人是值得信任的	□1 很不同意　□2 不太同意　□3 一般 □4 比较同意　□5 很同意
Q18_4	网络上绝大部分人是诚实的	□1 很不同意　□2 不太同意　□3 一般 □4 比较同意　□5 很同意

Q18_5	社会化媒体上绝大部分网友是值得信任的	□1 很不同意　□2 不太同意　□3 一般 □4 比较同意　□5 很同意
Q18_6	社会化媒体上绝大部分人是诚实的	□1 很不同意　□2 不太同意　□3 一般 □4 比较同意　□5 很同意
Q18_7	如果有人需要，我会在能力范围内提供帮助	□1 很不同意　□2 不太同意　□3 一般 □4 比较同意　□5 很同意
Q18_8	我需要帮助时，一般都能得到帮助	□1 很不同意　□2 不太同意　□3 一般 □4 比较同意　□5 很同意

Q19 请按照实际情况，选择您上网时掌握下列操作的熟练程度(1. 完全不会；5. 很熟练)：

Q19_1	上网搜索需要的信息	□1 完全不会　□2 不太会　□3 掌握 □4 熟练　　　□5 很熟练
Q19_2	拍摄照片分享到网上	□1 完全不会　□2 不太会　□3 掌握 □4 熟练　　　□5 很熟练
Q19_3	制作视频并分享到网上	□1 完全不会　□2 不太会　□3 掌握 □4 熟练　　　□5 很熟练
Q19_4	撰写博客并发布到网上	□1 完全不会　□2 不太会　□3 掌握 □4 熟练　　　□5 很熟练
Q19_5	使用微博发布和获取信息	□1 完全不会　□2 不太会　□3 掌握 □4 熟练　　　□5 很熟练
Q19_6	使用微信发布和获取信息	□1 完全不会　□2 不太会　□3 掌握 □4 熟练　　　□5 很熟练

最后 30 秒，请坚持填写完!

Q20 您的性别：□ 0. 男　□ 1. 女

Q21 您的出生年份：_____ 年（公历）

Q22 您的工作状态：□ 1. 全职　□ 2. 兼职　□ 3. 暂无工作

Q23 您的受教育水平(包括目前在读)：□ 0. 没有受过教育　□ 1. 私塾
□ 2. 小学　□ 3. 初中　□ 4. 职业高中　□ 5. 普通高中　□ 6. 中专

□ 7. 技校 □ 8. 大学专科 □ 9. 大学专科（正规高等教育） □ 10. 大学本科（成人高等教育） □ 11. 大学本科（正规高等教育） □ 12. 研究生及以上 □ 13. 其他（请注明 ＿＿＿＿＿＿ ）

Q24 您目前的户口状况是：□ 0. 军籍 □ 1. 直辖市城市户口 □ 2. 省会城市户口 □ 3. 地级市城市户口 □ 4. 县级市城市户口 □ 5. 集镇或自理口粮户 □ 6. 农村户口 □ 7. 其他（请注明：＿＿＿＿ ）

Q25 您去年一年的收入大概是 ＿＿＿＿（元／人民币）

□ 1.1 万元以下 □ 2.1 万~5 万元 □ 3.5 万~10 万元 □ 4.10 万~15 万元 □ 5.15 万~20 万元 □ 6.20 万以上

Q26 您的宗教信仰□ 1. 无宗教信仰 □ 2. 佛教 □ 3. 道教 □ 4. 伊斯兰教 □ 5. 天主教 □ 6. 基督教 □ 7. 东正教 □ 8. 其他基督教派 □ 9. 犹太教 □ 10. 印度教 □ 11. 民间信仰

感谢您的耐心填写！如果您想知道统计结果，请您留下您的电子邮件 ＿＿＿＿＿＿＿＿。再次感谢，祝您愉快！

附录 C　访谈提纲（公益项目领导者 / 发起人）[1]

（1）"双闪车队"开展的公益活动包括哪些具体的活动内容，请问这些活动的志愿者参与情况如何？长期的、有规律的志愿参与比较多，还是表现出很大的流动性？

（2）志愿者多少人，流动性如何？工作人员多少人，流动性如何？

（3）你们是否认为自己是一个组织、或者一个项目？怎么描述自己的性质？

（4）如果是一个组织，那么组织程度如何？谁说了算，重大决策如何决定？

（5）是否意识到，全国各地有很多个"双闪车队"的组织，如何协调行动？

（6）如果是"项目"，是否意味着组织工作在去中心化？

（7）请你想象一下，"双闪车队"在全国范围内是一个什么样子的？

1　附录中以"双闪车队"领导人访谈提纲为例。在实际访谈过程中，会根据不同的项目制作不同的提纲。

松散的网状，还是紧密合作的组织？

（8）请简要介绍工作如何开展？如果按照媒体的发展来梳理一下，你认为"双闪车队"大概可以划分为几个时期，每个时期的工作有什么特点？

（9）目前为止，对"双闪车队"项目开展最有帮助的传播平台是什么？为什么？

（10）其他较为常采用的媒体平台包括哪些？一般如何采用来开展哪些功能？

（11）认为依靠微博为代表的社交媒体平台上开展公益活动，最需要传播的信息是什么方面？为什么？

（12）公益透明度如何理解？为什么重要？——认为参与者会比较看重哪些？

（13）在日常工作的开展过程中，有没有上级单位指导，扮演什么样的角色？

（14）志愿者参与的工作主要包括哪些方面和类型？

（15）志愿者之间的联系，熟悉程度？

（16）关注过手机刷微博、微信朋友圈和公众账号这些"移动社交媒体"吗？认为这些技术会给公益的参与带来什么样新的变化？有没有什么打算如何应对这些变化？

附录 D   半结构访谈提纲（参与者）

（1）最初参与该公益项目的原因和动机是什么？

（2）通过什么媒体渠道关注公益活动？

（3）如何决定选择哪个项目来参加？哪些项目会激发参与意愿？

（4）公益项目的透明度是否（如果是）以及如何影响公益参与的意愿？

（5）在参与过程中使用移动互联网做什么？刷微博，刷微信，晒经历？

（6）移动互联网有没有改变了公共和私人的感觉和界限？在私人的时间，也会去看跟公共相关的事情？

（7）移动互联网对公益参与带来了什么变化？

（8）平常使用校内、豆瓣、微博、微信、QQ 群等社会化媒体，更多为了获取信息，还是增加关系？

（9）参与过程中，如何使用微博、微信等社交媒体？

（10）您认为社会化媒体对像红十字会这样的公益组织带来了什么

影响？在新的公益活动中担任了什么新的角色？

（11）关注什么公益议题？为什么？与个人的生活经历相关？还是与宗教信仰相关联？

（12）为什么会参加到这个公益活动中来？除此之外还参加过别的什么公益活动？关注哪些公益活动？

（13）不参加哪些公益活动时，考虑哪些因素？

（14）什么样的活动能激发你采取行动、去做志愿者？

（15）什么样的公益信息能够让你产生去转发、评论和讨论的动机？一般而言，表达的内容是什么？

（16）认为公益参与在你的日常生活中扮演了什么角色，是一种休闲的调剂，是一种精神追求，抑或其他？

（17）有规律地、长时间地保持一个项目的参与，还是体验很多个项目，但是"一次性"的、"蜻蜓点水"式的体验？

（18）您会专注于一个活动，还是参与很多个公益活动？

（19）参与中，与同一个项目的人的关系：熟人，建立关系，有其他的共同兴趣和共同活动？还是生疏，只是为了合作完成任务？

（20）参与过程中，对项目的贡献，积极建言献策，按照自己预计的方式参加；还是只能听从命令服从任务调控？

（21）在参与过程中是积极建言献策，还是服从组织安排？谁来安排？相信谁，服从谁？你们的项目有领导吗？领导为什么值得你信任和服从？

（22）总的来说，你们项目是如何组织的？

（23）移动媒体带来捐赠的变化吗？

（24）在参与过程中如何使用移动媒体？（例如通过手机等移动终端使用微博和微信的方式）

（25）参加以后，普遍社会资本的变化？有没有世界上还是好人多，人们关系普遍亲善，这样的改善改良？

（26）除了现场参加，会不会在网上关注活动的变化，会不会加入一些相同兴趣的"群"或者"论坛"？如果是，网上的和现实参加的公益活动，最大的不一样是什么？参加过程有没有认识什么新的人，成为了好朋友？一起做别的事情？

（27）是否还能在日常生活中区分公共的事务和私人的事务？（补充问题：手机使用习惯）

（28）（接上一题，如果答案为否）为什么不能区分了？

（29）在任何时候都能接触到需要接触的人，有没有觉得跟他们很熟悉？

（30）通过网上的参与，是否制造了共同归属感？

（31）通过线下的参与，是否制造了共同归属感？

（32）（对捐赠者）捐赠之后你会不会担心捐赠的钱都去哪里了？

附录E 部分访谈名录

称　呼	关注项目	主要参与方式	职　业	访谈时间
贝晓超	嫣然基金、免费午餐等	新浪微博社会责任总监	IT从业者	2014年3月
武汉徐敏	大爱清尘	网络协调志愿者	IT从业者	2014年2月
周宇轩妈妈	心连心公益	网络协调志愿者	自由职业者	2014年1月
唐小龙	微博打拐	微博打拐项目执行主任	行政人员	2014年3月
陈少阳	壹基金	捐赠者	新闻工作者	2014年2月
行者张大样	随手解救流浪人员	志愿者，捐赠物品	未知	2012年1月
于建嵘	随手公益系列活动	发起人，执行者	学者	2012年1月
王迪	让候鸟飞	志愿者	本科在读	2014年3月
林夕琪	壹基金	捐赠者、关注者	银行职员	2013年9月
Priscilla	Book to Prisoners	志愿者、捐赠者	图书馆职员	2013年4月
Dianne	Book to Prisoners	志愿者、捐赠者	园艺工作者	2013年8月

称　呼	关注项目	主要参与方式	职　业	访谈时间
詹成付		民政部社会福利和慈善事业促进司司长	公务员	2014 年 2 月
雪姐	微博打拐	核心志愿者	暂无工作	2014 年 2 月
刘旻瑄	女童保护	社团领导、志愿者	本科在读	2014 年 3 月
曾铭	世界自然基金会	传播负责人	传播负责人	2014 年 1 月
顾先远	双闪车队	发起人，志愿者	个体户	2014 年 3 月
晓凡	你是我的眼/盲人有声图书馆	志愿者（群引导，新人接待培训考核）	职员	2013 年 4 月
乐涂	你是我的眼/盲人有声图书馆	志愿者、负责人	未知	2013 年 4 月
YY 岳岳	你是我的眼/盲人有声图书馆	YY 语音线上负责人	未知	2013 年 4 月
Sally	大爱清尘	上海区行政负责	公益全职人员	2014 年 3 月
朱伟清	大爱清尘、"温暖包"行动	上海区主任	公益全职人员	2014 年 3 月
陈亮	温暖衣冬	北京青少年网络文化发展中心	公务员	2014 年 3 月
杜树雷	温暖衣冬	北京青少年网络文化发展中心	公益项目协调	2014 年 3 月
李士强		中国人口福利基金会	公益项目协调	2014 年 3 月
陈七妹	公益系列活动	公益时报网络主编	媒体从业者	2014 年 3 月
朱迪	让候鸟飞	参与者	媒体从业者	2014 年 2 月
武且文	儿童安全	参与者	未知	2014 年 3 月